FORSCHUNGSBERICHTE
DES WIRTSCHAFTS- UND VERKEHRSMINISTERIUMS
NORDRHEIN-WESTFALEN

Herausgegeben von Staatssekretär Prof. Leo Brandt

Nr. 305

Prof. Dr.-Ing. habil. Karl Krekeler
Dr.-Ing. Heinz Peukert
Dipl.-Ing. Werner Schmitz

Heißgas-Schweißung von Hart-Polyvinylchlorid mit Zusatzwerkstoff

Als Manuskript gedruckt

WESTDEUTSCHER VERLAG / KÖLN UND OPLADEN
1956

ISBN 978-3-663-00653-4   ISBN 978-3-663-02566-5 (eBook)
DOI 10.1007/978-3-663-02566-5

Forschungsberichte des Wirtschafts- und Verkehrsministeriums Nordrhein-Westfalen

Gliederung

I. Einführung .... S. 5
   1. Werkstoffliche Grundlagen .... S. 5
   2. Schweißverfahren für thermoplastische Kunststoffe ...... S. 6

II. Arbeitsbedingungen für die Schweißung von Hart-Polyvinylchlorid mit Zusatzdraht .... S. 10
   1. Versuchsmaterial und Versuchsdurchführung .... S. 10
   2. Charakteristik des Handschweißens .... S. 14
   3. Charakteristik des Maschinenschweißens .... S. 17
   4. Bestimmung des Weichmacheranteils durch Schweißtest .... S. 22

III. Festigkeitseigenschaften von Hart-PVC-Schweißverbindungen mit Zusatzdraht .... S. 23
   1. Eigenschaften und Verhalten der Schweißstäbe .... S. 23
   2. Festigkeitsverhalten der Schweißverbindung von Hart-PVC mit Zusatzmaterial .... S. 29

IV. Zusammenfassung .... S. 42

V. Literaturverzeichnis .... S. 44

Forschungsberichte des Wirtschafts- und Verkehrsministeriums Nordrhein-Westfalen

I. Einführung

Die Entwicklung der technischen Werkstoffe während der letzten Jahre ist besonders durch die Entwicklung der Werkstoffklasse der Kunststoffe gekennzeichnet. Nahezu auf allen Gebieten der Technik stößt man bereits heute auf die verschiedenartigsten Kunststoffe.

Die rasche Entwicklung auf diesem Gebiet hat dazu geführt, daß die Grundlagenforschung der Verarbeitungstechnik nicht immer Schritt zu halten vermochte, weshalb die Lösung vieler Problemstellungen zunächst empirisch aus der Praxis heraus erfolgte.

Der vorliegende Bericht soll dazu beitragen, diese empirisch gewonnenen Erkenntnisse durch systematische, wissenschaftliche Untersuchungen zu untermauern und damit ein sicheres Fundament für eine weitere erfolgversprechende Entwicklungsarbeit auf dem Gebiet der Kunststoffverarbeitung zu schaffen.

1. Werkstoffliche Grundlagen

Gliedert man die Werkstoffklasse der Kunststoffe unter dem für die Verarbeitungstechnik wichtigen Gesichtspunkt ihres thermischen Verhaltens, dann ergeben sich die Werkstoffgruppe der Duroplaste und die Werkstoffgruppe der Thermoplaste. Dieses Einteilungsprinzip durchzieht sowohl die Stoffgruppe der Kunststoffe aus abgewandelten Naturstoffen, als auch diejenige der synthetischen Kunststoffe, gleichviel, ob sie nach dem Polykondensationsverfahren, dem Polyadditionsverfahren oder dem Polymerisationsverfahren hergestellt sind. Die grundlegende Verschiedenheit des Verhaltens der beiden Stoffgruppen wird durch die den Werkstoff aufbauenden Makromoleküle und die Größe der zwischen den einzelnen Makromolekülen und ihren Kettengliedern wirkenden Kräfte hervorgerufen. Die Duroplaste sind aus räumlich vernetzten Makromolekülen - Raumnetzmolekülen -, die Thermoplaste aus ketten- oder fadenförmigen Molekülen - Fadenmolekülen - aufgebaut. Durch den Strukturaufbau bedingt, sind nur die thermoplastischen Kunststoffe schweißbar, weshalb sich die weiteren Betrachtungen ausschließlich mit dieser Kunststoffgruppe befassen.

Die Thermoplaste sind - wie bereits erwähnt - im wesentlichen aus fadenförmigen Makromolekülen aufgebaut, die stark ineinander verknäuelt sind, so daß ihre Eigenschaften im Ursprungszustand richtungsunabhängig sind. Bei Temperaturbeanspruchung durchlaufen diese Werkstoffe für sie charakteristische Zustandsformen, mit denen ihre Verarbeitungs- und Anwendungsmöglichkeiten in engem Zusammenhang stehen. Man unterscheidet bei sämtlichen Thermoplasten folgende temperaturbedingte Zustandsformen, bzw. Zustandsbereiche:

> den festen Zustand,
>
> den Einfrier- oder Erweichungsbereich,
>
> den thermoelastischen oder kautschukelastischen Zustand,
>
> den Fließtemperaturbereich,
>
> den thermoplastischen, flüssigkeitsähnlichen Zustand.

Die Zusammenhänge zwischen Zustandsform, Molekülverhalten und Verarbeitungsmöglichkeiten (1, 2, 3) können hier nicht näher erläutert werden, da diese Betrachtungen über den Rahmen dieser Arbeit hinausgehen. In Tabelle 1 seien jedoch die Zustandsformen und Verarbeitungsverfahren übersichtlich zusammengestellt.

T a b e l l e   1

Zustandsformen und Verarbeitungsmöglichkeiten
thermoplastischer Kunststoffe

Zustandsform	Verarbeitungsverfahren
fest	spanabhebende Bearbeitung, wie Schleifen, Sägen, Feilen, Drehen, Bohren u.a.
thermoelastisch, kautschukartig	1. spanlose Formgebung, wie Blasen, Saugen, Tiefziehen u.a.; 2. Walzen 3. Kalandrieren
thermo-plastisch, flüssigkeitsähnlich	1. Schweißen, 2. Spritzen bzw. Preßspritzen, 3. Pressen

2. Schweißverfahren für thermoplastische Kunststoffe

Für die konstruktive Gestaltung bei Thermoplasten ist neben der Möglichkeit ihrer spanlosen Formgebung in der thermoelastischen Zustandsform ihre werkstoffgerechte Verbindung durch Schweißen in der thermo-plastischen Zustandsform von entscheidender Bedeutung.

Forschungsberichte des Wirtschafts- und Verkehrsministeriums Nordrhein-Westfalen

Die Schweißverbindung der Thermoplaste erfolgt in ihrem Fließbereich. Jedoch geht diese Verbindung, im Gegensatz zur Metallschweißung, nicht im Schmelzfluß vor sich, sondern Grundwerkstoff und Zusatzwerkstoff, bzw. die zu verschweißenden Teile, werden an den Berührungsflächen in den plastischen Zustand versetzt und unter Druck verbunden. Die Verbindung vollzieht sich also nur innerhalb der plastischen Grenzschicht, so daß bei einer Schweißung mit Zusatzwerkstoff dieser in seiner Form erhalten bleibt. Zur Erzielung einer guten Schweißverbindung sind zwei Faktoren von ausschlaggebender Bedeutung: eine bestimmte Temperatur und ein gewisser Druck.

Der unterschiedliche Aufbau der Thermoplaste und ihre verschiedenen Halbzeuge als Handelsformen - wie Folien, Platten, Rohre und Profile - erfordern für eine werkstoffgerechte Verarbeitung verschiedene Schweißverfahren, die sich nach der Art der Erwärmung der Verbindungsflächen in vier Gruppen gliedern lassen:

1) die Heißgas-Schweißung
mit und ohne Zusatzwerkstoff für hart- und weichgestellte Thermoplaste;

2) die Heizelement-Schweißung
für die Verbindung von hauptsächlich weichgestellten Platten und Folien in diskontinuierlichen (Heizkeil- und Wärmeimpuls-Schweißung) und kontinuierlichen Arbeitsverfahren (Rollenschweißmaschine).

3) die Reibungs-Schweißung
vorzugsweise zum Verschweißen von Rotationskörpern harter Thermoplaste;

4) die Hochfrequenz (HF)-Schweißung
zum Schweißen von Folien unter Ausnutzung der dielektrischen Eigenschaften der Thermoplaste (kapazitive Erwärmung); ebenfalls im diskontinuierlichen und kontinuierlichen Arbeitsverfahren.

Die Arbeitstechnik der einzelnen Verfahren ist eingehend in verschiedenen Veröffentlichungen (4, 5, 6, 7) behandelt worden, so daß in dieser Arbeit auf ihre nähere Darstellung verzichtet werden soll.

Da diese Arbeit einen Beitrag zur Schweißung von harten thermoplastischen Kunststoffen mit Zusatzwerkstoff - speziell zur Schweißung von Hart-PVC - darstellt, soll in den weiteren Ausführungen nochmals das Wesentliche dieses Arbeitsverfahrens herausgestellt werden.

Forschungsberichte des Wirtschafts- und Verkehrsministeriums Nordrhein-Westfalen

Das Schweißen von Hart-PVC-Teilen geschieht - wie bereits allgemein erläutert - durch Erwärmen der zu verbindenden Grenzschichten und Aneinanderdrücken derselben im Bereich der Thermoplastizität im Heißgas-Schweißverfahren, in der Art der "Nachrechts-Schweißung" beim Metall-Schweißen. Der Schweißvorgang selbst ist dem Metall-Schmiedeschweißen ähnlich, d.h. er geht in steigigem Zustand unter Druckzugabe vonstatten.

Der stabförmig runde, auch profilierte Schweißdraht aus PVC und die Nahtfläche des zu verschweißenden PVC-Grundmaterials sollen gleicher Erwärmung ausgesetzt sein, damit in gleichem Sinne unter gleichen Zustandsbedingungen, die Grenztemperatur des thermoplastischen Schweißbereiches überschreitend, unter Druckzugabe die Verbindung hergestellt werden kann.

Hierbei wird durch die hohe Wärmebewegung der freibeweglichen Molekülketten das Verkneten von getrennten Teilchen möglich, ein Vorgang, der durch Druckeinwirkung, vielleicht jedoch auch schon durch nahe Anlagerung, zum Ineinandergreifen der Moleküle an den sich berührenden Flächen führt. Es tritt demnach ein Verfilzen der durch Temperatureinwirkung gelockerten Knäuelstruktur des Grundmaterials und Zusatzmaterials, gefördert durch Druckbeigabe, ein.

Beim Heißgas-Schweißen bedient man sich eines Schweißgerätes, das die zum Erwärmen der zu verschweißenden Teile benötigte Wärmequelle stellt.

Druckluft (inerte Gase, am besten Luft) von etwa 0,5 atü wird in einer Rohrschlange durch eine einstellbare Flamme aus Gas-Luft-Gemisch bzw. eine elektrische Beheizung auf eine Temperatur von über 175°C erwärmt.

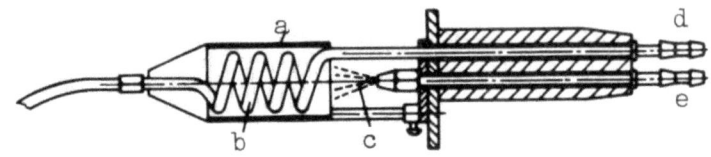

A b b i l d u n g   1
TP-Heißgas-Schweißgerät. a) Isoliermantel, b) Heizrohrschlange,
c) Heizgasaustritt, d) Schweißluft-, e) Heizgas-Zuführung

Durch Führung des Heißluft-Strahles werden Nahtkanten und Schweißdraht über den Schweißbereich erwärmt und so unter Druckzugabe des Drahtes die Schweißung durchgeführt. Der hierfür bewährte TP-Brenner wird mit der rechten Hand am Brennermundstück pendelnd vor der Schweißstelle geführt, während der Schweißstab, senkrecht gehalten, unter Druck in die Naht im Nachrechts-Schweißverfahren eingebracht wird. In dieser Folge wird Naht auf Naht gelegt, bis die in der Art der Metall-Schweißung vorbereiteten Nähte in X- oder V-Form vollgelegt sind.

Die Einflüsse von Schweißfehlern sind bekannt. So tritt z.B. beim Schräghalten des Schweißdrahtes während des Drückens eine Schweißbeschleunigung auf, die in der Folge eine Drahtdehnung und damit eine in die Naht eingebrachte Zugvorspannung bedeutet. Überhitzungen führen zu Materialverbrennungen, wobei die eingelagerten Verbrennungsteilchen wiederum beim Überschweißen in der nachfolgenden Drahtlage zu Ausgangspunkten für Kerbbrüche werden. Unsaubere, z.B. fettige, schlecht vorbereitete Nähte ergeben Haftfehler. Nicht durchgehend geführte Wurzelschweißungen fördern Kerbbrüche usw. Die Einflüsse, die die Güte einer Schweißnaht bestimmen, sind vorwiegend folgende Faktoren: Schweißtemperatur, Schweißdruck; Schweißdraht-Haltungswinkel, Schweißgeschwindigkeit, Zahl der Schweißnahtlagen, Nahtformen und Nahtvorbereitung, Schweißdrahtqualität u.a.

Die Variationsmöglichkeiten dieser Faktoren sowie die Möglichkeiten von Fehlersummierungen, die sich hieraus ergeben, sind einleuchtend.

Die Heißgas-Schweißung mit Zusatzwerkstoff wurde für die Verbindung von Hart-PVC bereits Ende der 30er Jahre von A. HENNING entwickelt und ist auch heute noch für die Praxis grundsätzlich richtunggebend.

Von A. HENNING wurden 1942 erstmalig umfangreiche Ergebnisse experimenteller Untersuchungen über das Schweißen thermoplastischer Kunststoffe - speziell an Platten von hartem Polyvinylchlorid - mitgeteilt. Aufgrund zahlreicher Festigkeitsuntersuchungen wurden der Einfluß der Schweißnahtform, der Nahtvorbereitung und der Nahtausführung, der Dicke des Zusatzstabes und der Dicke des zu verschweißenden Werkstoffes auf die Güte der Schweißnaht bestimmt. Diese grundlegenden fertigungstechnischen Untersuchungen beanspruchen heute noch volle Gültigkeit. Die wesentlichen Untersuchungen HENNINGS erstreckten sich auf Schweißstäbe mit einem Weichmacheranteil von 10 bis 50 %. Außerdem wurde ein weichmacherfreier Schweißdraht in die Untersuchungen einbezogen, dessen Versuchsergebnisse jedoch dem heutigen Stand der Technik nicht mehr entsprechen, was an der damaligen Drahtfertigung gelegen haben mag.

Wegen der leichteren Verarbeitung von Schweißstäben mit Weichmacher gab HENNING einem solchen mit 10 % Weichmacher für die Praxis den Vorzug. Gleichzeitig machte er aber auch auf die geringere chemische Beständigkeit der mit weichmacherhaltigen Stäben geschweißten Nähte aufmerksam und sprach den Wunsch nach Schweißdrähten ohne Weichmacher jedoch mit den gleich guten Schweißeigenschaften aus.

Da HENNING die Untersuchungen im Handschweißverfahren durchgeführt hat, war die Konstanthaltung der Arbeitswerte kaum möglich, so daß eine Beeinflussung der Versuchsergebnisse ohne Zweifel vorliegt.

Aus den Äußerungen HENNINGS und den bei den Versuchen aufgetretenen verfahrenstechnischen Mängeln ergab sich unsere Aufgabenstellung: die günstigsten Arbeitsbedingungen für die Schweißung zu ermitteln und den Einfluß der Schweißstabzusammensetzung auf die Festigkeit der Schweißnaht zu untersuchen.

II. Arbeitsbedingungen für die Schweißung von Hart-Polyvinylchlorid mit Zusatzstab

1. Versuchsmaterial und Versuchsdurchführung

Um einen Gesamtüberblick zu schaffen, wurden von den bekanntesten Kunststofferzeuger- und -verarbeiterfirmen Drahtsorten verschiedenen Weichmachergehaltes und verschiedenen Molekulargewichtes gleicher Weichmacherzusammensetzung, sowie Drahtsorten aus reinem PVC (ohne Weichmacher) herangezogen. In Tabelle 2 sind die untersuchten Schweißstabtypen zusammengestellt.

Die Versuchsgruppen 5 und 6 sind gebräuchliche Handelstypen. Ferner wurde die Gesamtskala der Drähte mit Weichmacherzusammensetzungen von 0 bis 20 % des Weichmachers Palatinol AH und niedermolekularem PVC hergestellt. Die Drahtdurchmesser wurden einheitlich mit 4 mm Durchmesser festgelegt.

Die Versuche wurden mit folgenden Varianten gefahren: Schweißtemperatur, Schweißgeschwindigkeit, Schweißdruck. Um eine weitere Variante auszuschalten, liegt für die Praxis die kaum durchzuführende Forderung zugrunde, den Schweißdraht dehnungsfrei in die Naht einzubringen.

An Hand der wahlweisen Festsetzung von je zwei der oben genannten Varianten als Konstante sowie dem Variieren der Dritten, sollen die sich in der

Tabelle 2

Untersuchte Schweißdrahttypen

Versuchs-bezeichnung	Schweißstab-Ansatz		Weichmacher-art
	Polyvinylchlorid-Anteil %	Weichmacher-Anteil %	
1a	88 niedermolekular	12	Trikresylphosphat
1b	88 hochmolekular	12	Trikresylphosphat
2a	88 niedermolekular	12	Palatinol AH
2b	88 hochmolekular	12	Palatinol AH
3a	85 niedermolekular	15	Geliermittel CN
3b	85 hochmolekular	15	Geliermittel CN
4a	80 niedermolekular 18 Mischpolymerisat	2	Paraffin
4b	80 hochmolekular 18 Mischpolymerisat	2	Paraffin
5	88 hoch- u. niedermolekular	12	Palatinol AH
6	100 niedermolekular	--	--

Praxis ergebenden Schweißdrahtdehnungen im Gesamtbereich festgelegt werden. Dies ist insofern von großer Bedeutung, da, wie die Versuche bestätigen, beim Schweißen von Hand durch die Unmöglichkeit, die entsprechenden und erforderlichen Drücke auf den Schweißdraht zu übertragen, bislang nicht erkannte große Dehnungen in der Naht auftreten, welche die Naht im Gegensatz zum Grundmaterial in einen vorgespannten Zustand versetzen. Darüber hinaus zeigt die Praxis, daß derartig unter Vorspannung liegende Nahtlagen beim Überschweißen, d.h. bei erneuter Temperaturgabe, zerreißen oder zumindest zu Ausgangsherden für Rißbildungen werden.

Diese Untersuchungen führten zu einer Schweißcharakteristik, aus der die maximal günstigsten Schweißwerte für die praktische Anwendung zu entnehmen sind, d.h. das Ergebnis der Untersuchungen zeigt, mit welchen Stabsorten, bei welcher Temperatur, mit welchem Schweißdruck und bei welcher Schweißgeschwindigkeit die ideale dehnungsfreie Naht zu erreichen ist. Umgekehrt soll man aus den Diagrammen im kombinierten Wertbild vom Grade der Schweißstabdehnung auf den Weichmachergehalt bzw. die Drahtreinheit rückschließen und darüber hinaus evtl. auf das Grundstoffmolekulargewicht eingehen können.

Da die Arbeit in ihrer Auswertung der Praxis dienen soll, war es notwendig, die Untersuchungen auf die praktischen Verhältnisse auszurichten. Es wurde also mit in der Praxis üblichem Gerät und üblichen Bedingungen gearbeitet. Die Schweißungen wurden von einem erfahrenen Kunststoffschweißer ausgeführt, dessen Schweißleistungen die konstantesten Werte zeigten. Als Kontroll- und Meßgeräte dienten Thermometer, Längenmaß, Stoppuhr und eine als Schweißtisch ausgebildete Waage, die die Ablesung der beim Schweißen erzielten Drücke ermöglichte.

In einigen hundert Versuchsreihen wurde so eine Handschweißcharakteristik entwickelt, die uns einen Einblick in die verschiedenen Zustände der Schweißvorgänge gestattet.

Dieser Handschweißcharakteristik fällt in der Gesamtarbeit die Aufgabe zu, neben dem Erkennen der in der Praxis auftretenden Verhältnisse beim Schweißprozeß Anhaltswerte zu schaffen für die Hauptuntersuchungen, die ausschließlich auf der Grundlage des Maschinenschweißens durchgeführt wurden.

Es werden hiermit die Fehlermöglichkeiten beseitigt, die zwangsläufig selbst beim besten Schweißer entstehen, wenn Hunderte Schweißproben handgeschweißt werden. Die für diese Versuche entwickelte Schweißmaschine schafft konstante Voraussetzungen für alle Schweißvorgänge und erzielt damit einen gleichmäßigen Arbeitsprozeß.

Wie aus Abbildung 2 ersichtlich, ist das Maschinenschweißgerät in einem auf Kugellagern laufenden Gestell angebracht. Die Gas-, bzw. Strom- und Luftzuführung erfolgt freihängend von oben, so daß eine Behinderung des Schweißvorganges nicht eintreten kann. Die Bedienung des Schweißgerätes erfolgt vom Schaltbrett des Versuchstisches aus. Die Schweißgastemperatur

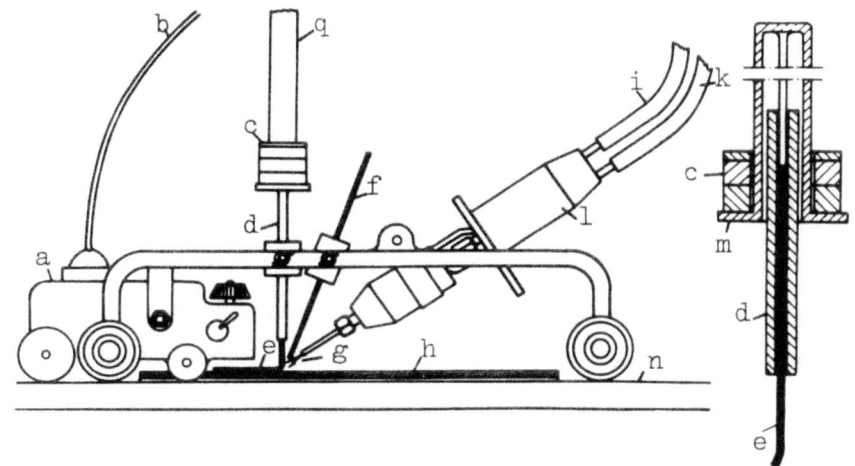

Abbildung 2

Schematische Darstellung der Kunststoff-Schweißmaschine

a) Vorschubaggregat
b) Stromkabel
c) Gewichte für Druckgabe
d) Drahtführungsrohr
e) Schweißdraht
f) Thermoelement
g) Heißluft
h) Versuchsplatte
i) Luftleitung
k) Gasleitung
l) TP-Brenner
m) Hülse mit Auflageteller
n) Versuchstisch

kann laufend am Thermoelement kontrolliert werden. In festgesetztem Abstand vor dem Brennermundstück ist ein Kupferhohlstab mit einer etwas größeren Nennweite als der Schweißdrahtdurchmesser in einer vertikalen und seitlich einstellbaren Lage hochgeführt. Er dient der Drahtzuführung beim Schweißvorgang. Eine Hülse, welche dieses Rohr umschließt und welche innen mittig einen Metallstab in der Stärke des Schweißdrahtdurchmessers trägt, dient der Schweißdruckgabe. Metallringe verschiedener Gewichtsdimensionen lassen sich auf den am Hülsenrand befindlichen Teller auflegen. Der Drahtvorschub mit unendlichen Drähten zwischen geschwindigkeitsvariierbaren Anpreßwalzen bzw. anderen Vorschubquellen würde die Versuchsapparatur auch für Fertigungszwecke interessant machen. Zusätzliche Wärmequellen an der Schweißstabführung zur Vorplastifizierung des Drahtes bis auf einen gewünschten festbleibenden Querschnitt, vor dem Schweißtemperaturpunkt gelagert, bietet Perspektiven für das industrielle Maschinenschweißen mit Drahtdicken über 5 mm Durchmesser. Der Vorschub des Schweißwagens wird durch ein aus dem Metall-Brennschneiden gebräuchliches "Quicki"-Gerät bewirkt, welches über eine Vorschubregulierung verfügt. An Hand dieser Apparatur ist die genaue Festlegung gewünschter konstanter Werte möglich.

Die Schweißproben zeigen einwandfreie, gleichmäßige Nähte, wie sie im Handschweißverfahren nicht möglich sind.

2. Charakteristik des Handschweißens

Die Versuche wurden unter Zugrundelegung der normal in der Praxis möglichen Schweißdruckgabe für die einzelnen bereits vorgenannten Drahttypen gefahren. Es wurde deshalb mit einer solchen Schweißdruckgabe gearbeitet, die es einem normalen Schweißer gestattet, Schweißarbeiten im Dauerbetrieb durchzuführen. Die Zusammenfassung dieser Ergebnisse ergab u.a. die Grundlage für die Maschinenschweißuntersuchungen. Darüber hinaus führte sie zu neuen Erkenntnissen für die Praxis. Unter der Voraussetzung - Erreichung einer dehnungsfreien Naht - können aus der Handschweißcharakteristik folgende Beziehungen abgelesen werden: mit steigender Temperatur steigt der Vorschub, mit steigender Temperatur sinkt die Drahtdehnung, mit steigender Temperatur sinkt der Schweißdruck. Demnach ist ein Schweißen in der Praxis mit höheren Temperaturen als den bisher gebräuchlichen anzustreben, da
a) aus wirtschaftlichen Gründen ein größerer Vorschub, d.h. eine größere Schweißgeschwindigkeit gewünscht ist, um die Lohnkosten zu vermindern,
b) die Schweißdrahtdehnung möglichst klein gehalten werden soll, um keine Vorspannung in die Naht einzubringen, und
c) der Schweißdruck möglichst klein sein muß, um den Schweißer nicht unnötig zu ermüden.

So zeigt es sich z.B., daß bei einer normalen Schweißtemperatur von ca. 200°C, bei einem Schweißdruck von 3 kg auf den Schweißdraht, was unter der Berücksichtigung, daß diese Druckgabe auf die Dauer mit Daumen und Zeigefinger durchzuhalten sehr schwierig ist, noch eine Schweißdrahtdehnung in der Naht von ca. 80 % auftritt, was praktisch untragbar ist und wohl bei den auf diese Art bislang durchgeführten Schweißverfahren des öfteren Anlaß zu Nahtbrüchen war, deren Ursachen unbekannt blieben bzw. anders begründet wurden. Unter den gleichen Veraussetzungen hat man aber bei einer Schweißtemperatur von ca. 350°C nur noch eine Dehnung des Schweißdrahtes von 40 %, d.h. die Hälfte des vorgenannten Wertes und zugleich eine Verdoppelung der Schweißgeschwindigkeit, die bei geringerer Druckgabe auf den Draht erreicht wurde als beim Vergleichsversuch mit niederen Temperaturen.

Die tatsächliche Schweißtemperatur an der Schweiße liegt natürlich unterhalb der angegebenen Temperaturwerte, da ein genaues Distanz-Halten (Brennerende-Schweißstelle) im Handschweißversuch nicht zu erreichen ist, und die Temperaturmessung 5 mm vor dem Brennermundstück vor Beginn der Schweißung erfolgte.

Das Absinken der Dehnung bei höheren Temperaturen ist wahrscheinlich darauf zurückzuführen, daß der Draht bei leichter durchzuführender Druckgabe von Hand der Dehnung entgegen zurückgestauch werden kann, während bei niederen Temperaturen die Gegendruckgabe sich zu gering auf die Dehnung auswirkt. Der Schweißdruck sinkt bei höheren Temperaturen gleichfalls ab, weil im erhöhten Schweißbereich eine innige Verbindung bei geringerem Druck als im niedrigen, teigigen Schweißbereich stattfindet.

Ein Einfluß der verwendeten PVC-Type, d.h. die Verwendung eines hochmolekularen oder niedermolekularen PVC zur Herstellung der Schweißstäbe, tritt bei der Messung der Schweißstabdehnung bei den Handschweißuntersuchungen nicht besonders in Erscheinung.

Dagegen sind die verschiedenen Weichmacherarten und Zusammensetzungen der Schweißstäbe von merkbarem Einfluß. So ergaben - bezogen auf eine Schweißtemperatur von 180°C - beispielsweise die Versuchsgruppen 3a, 3b,

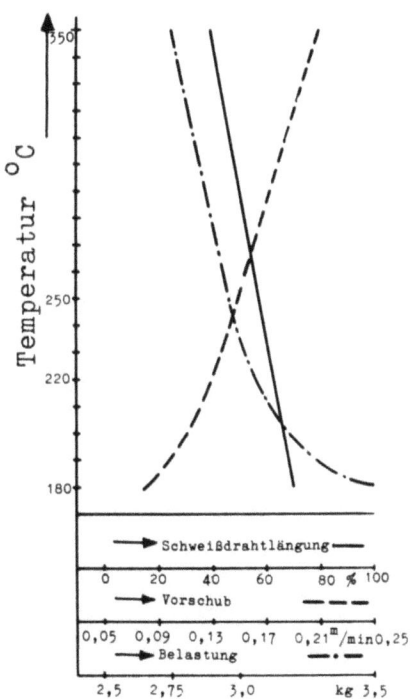

A b b i l d u n g   3

Charakteristik des Handschweißens Versuchsstabtype 1a
(88 % PVC niedermolekular, 12 % Trikresylphosphat), 4 mm ⌀

4a und 4b die größte gemessene Schweißdrahtdehnung von 80 %, während bei den Versuchsgruppen 1a und 1b eine solche von 70 % gemessen wurde. Die günstigsten Dehnverhältnisse zeigten die Versuchsgruppen 2a und 2b mit 60 %. Diese Verhältnisse hinsichtlich der Schweißstabansätze bleiben bei höheren Schweißtemperaturen bestehen.

Die in Abbildung 3 als Beispiel herausgegriffene Schweißcharakteristik für die Drahttype der Versuchsgruppe 1a gilt in ihren grundsätzlichen Tendenzen auch für die anderen Schweißstabansätze.

Aus den Handschweiß-Charakteristiken für die verschiedenen Schweißstabtypen sind Schweißstabdehnungs-Temperatur-Kurven aufgestellt und in Abbildung 4 aufgetragen worden, wobei Belastungen und Vorschübe zugrunde gelegt

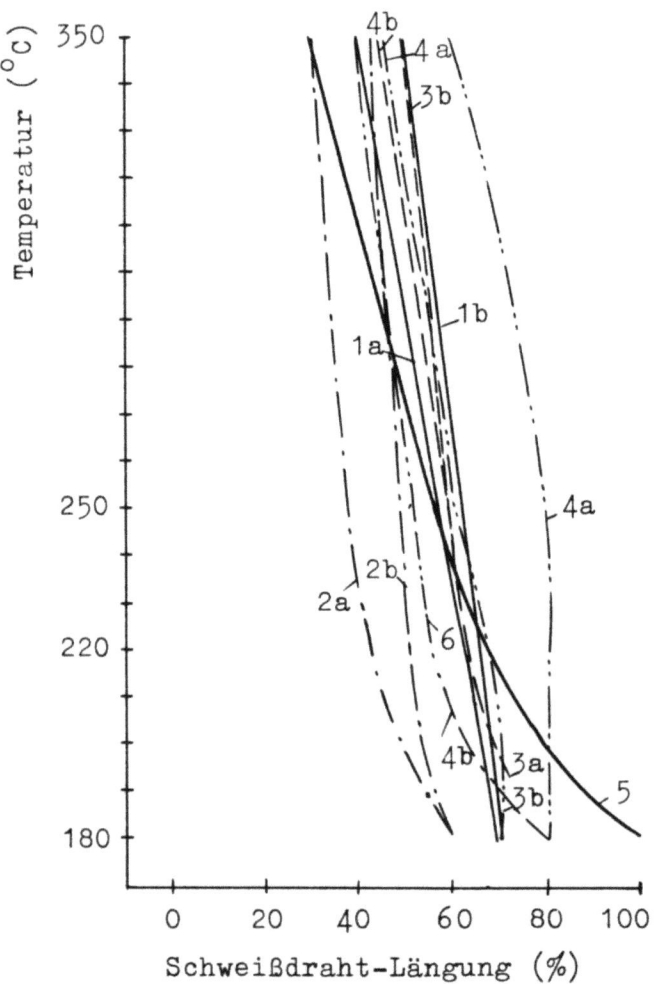

A b b i l d u n g 4

Schweißdrahtdehnung in Abhängigkeit von der Schweißtemperatur bei Schweißdrücken und Schweißgeschwindigkeiten, die bei der Handschweißung für die jeweilige Drahtsorte üblich sind

wurden, die in der Praxis bei der Handschweißung als normale Arbeitsbedingungen gelten.

Auch in dieser Darstellung erkennt man deutlich die Tendenz der Schweißstäbe, bei hohen Schweißtemperaturen zu niederen Dehnwerten hinzustreben.

3. Charakteristik des Maschinenschweißens

Ausgehend von der Forderung, daß der Schweißstab möglichst dehnungsfrei in die Schweißnaht einzubringen ist, wurden bei Temperaturen von 180°, 220°, 250° und 350 °C der Schweißdruck solange gesteigert, bis eine Stabdehnung von 0 % erzielt wurde. Dabei wurden für die einzelnen Prüftemperaturen die bei den Handschweißuntersuchungen gemessenen mittleren Schweißgeschwindigkeiten für die jeweilige Schweißstabtype gefahren.

In Abbildung 5 ist nun für die verschiedenen Schweißstabansätze die aufgetretene Schweißstablängung abhängig vom Schweißdruck aufgetragen. Temperatur und Vorschub wurden bei diesen Versuchen konstant gehalten.

Als bemerkenswert kann der Darstellung entnommen werden, daß der weichmacherfreie Handelsdraht immerhin ca. 9 kg Schweißdruck benötigte, um dehnungsfrei in eine Naht eingebracht werden zu können, wogegen der 12 % weichgestellte Handelsdraht nur ca. 4 kg bedarf. Bei den Untersuchungen höherer Temperaturstufen verschiebt sich das Gesamtbild der Belastungsstufen entsprechend nach unten niederen Druckwerten zu.

Die Auswertung dieser Versuchsreihen für die vorgenannten 4 Temperaturstufen wurde für die einzelnen Drahtsorten in einem Arbeitswertediagramm aufgeführt. Diesem Diagramm liegt die Wiedergabe einer 0 %-Schweißdrahtdehnung zugrunde. Das Arbeitswertediagramm Abbildung 6 zeigt deutlich, daß bei allen Stabsorten die Belastungsspitzen zur Erreichung einer 0 %-Dehnung um 220°C liegen, also gerade derjenigen Temperatur, welche bisher bevorzugt zum Schweißprozeß gebracht wurde.

Desgleichen bestätigt sich die Tendenz der Druckabnahme mit steigender Temperatur unter gleichzeitiger Vorschuberhöhung.

Es ist ferner von Interesse, daß die Kurven verwandter Stabsorten, d.h. Stäbe gleicher Weichmacherzusammensetzung, jedoch verschiedenen Molekulargewichtes, sich bei niederen und höheren Temperaturen schneiden. Diese Erkenntnis zeigt Perspektiven, dem Problem der Molekulargewichtsbestimmung mit Hilfe einer Maschinenschweißuntersuchung näherzutreten.

Forschungsberichte des Wirtschafts- und Verkehrsministeriums Nordrhein-Westfalen

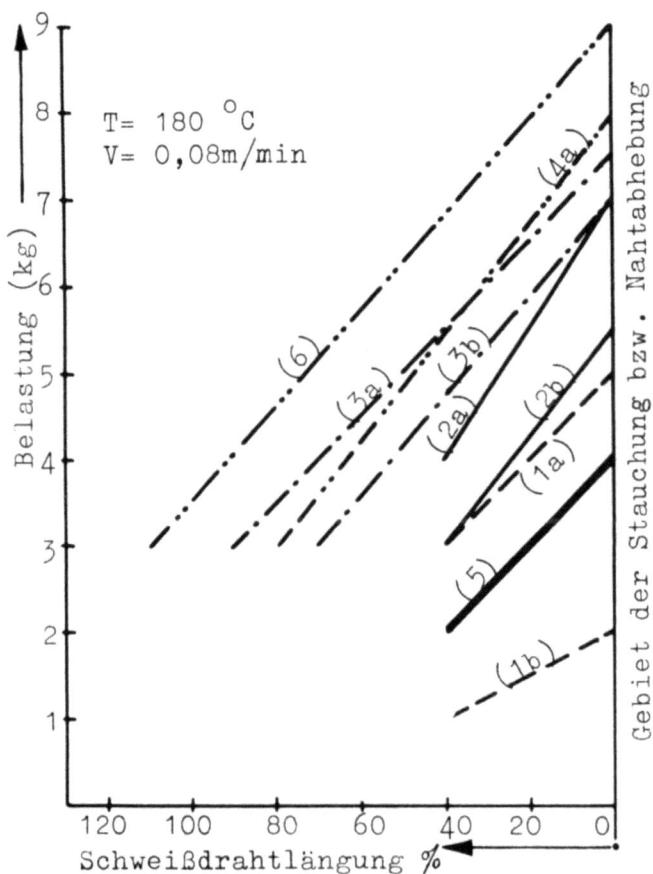

Abbildung 5

Schweißdrahtdehnung in Abhängigkeit vom Schweißdruck
bei konstanter Schweißtemperatur und konstanter
Schweißgeschwindigkeit (Maschinenschweißung)

Im vorliegenden Diagramm (Abb. 7) wurden die zueinandergehörenden Kurven der hoch- und niedermolekularen Stabtypen aus dem Arbeitswertediagramm zusammengefaßt und ihre Schweißdruckdifferenz bei Schweißdrahtdehnung von 0 % auf die Schweißtemperatur bezogen.

Es stellt demnach eine Auswertung des Arbeitswertediagramms zur Erkennung des Einflusses der Molekulargewichtsdifferenz der einzelnen weichgestellten Stabtypen-Gruppen an Hand der Belastungsdifferenz bei verschiedenen Temperaturen dar. Die Druckunterschiede, die beim Vergleich zwischen zwei Drähten gleichen Weichmachergehaltes jedoch verschiedenen Molekulargewichtes auftreten, sind für die einzelnen Schweißtemperaturen in Tabelle 3 zusammengefaßt.

Die Zahlenwerte der Schweißdruckdifferenz lassen erkennen, daß beim Vergleich der Schweißstab-Typen 1a/1b die Auswirkung der Molekulargewichts-

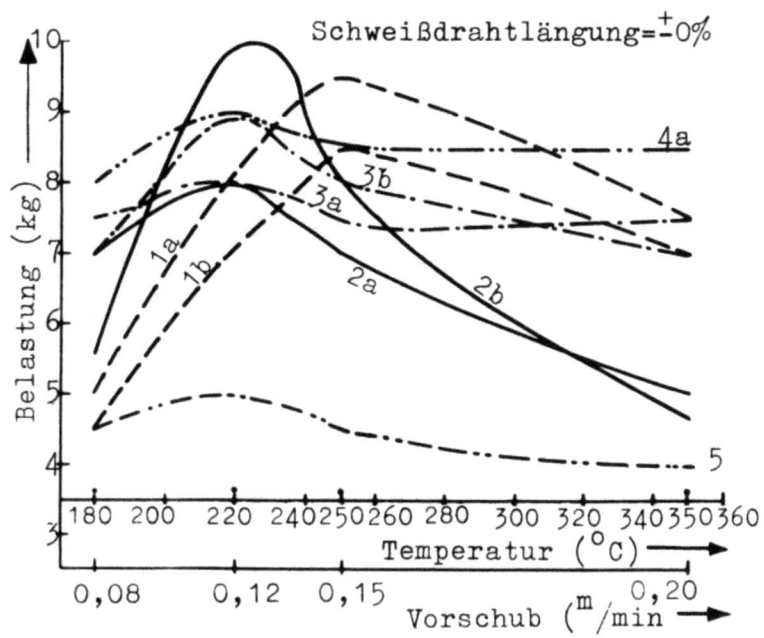

Abbildung 6

Arbeitswertediagramm der verschiedenen Schweißstabtypen
für eine Schweißstabdehnung = 0 % (Maschinenschweißung)

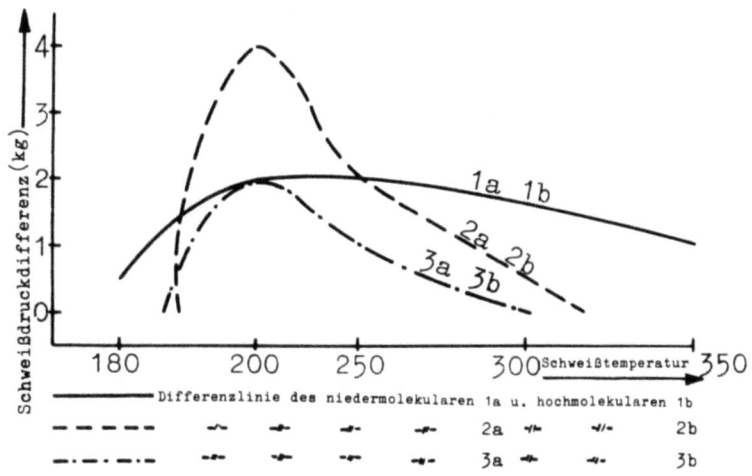

Abbildung 7

Einfluß der Molekulargewichtsdifferenz der einzelnen
weichgestellten "Schweißstabtypen-Gruppen" anhand der
Belastungsdifferenzen bei verschiedenen Temperaturen

differenz der PVC-Pulver im Schweißdrahtansatz im unterschiedlichen Schweißdruckgewicht zwischen 220 und 250°C am größten ist.

Die gleichen Verhältnisse finden wir bei den anderen Schweißdrahtsorten.

Tabelle 3

Zusammenstellung der Schweißdruckdifferenzen für die einzelnen Schweißstab-Ansätze bei verschiedenen Schweißtemperaturen

Schweiß-temperatur °C	Schweißstab-typen -	Schweißdruck-differenz kg
200	1a/1b 2a/2b 3a/3b	1,25 0,50 0,50
220	1a/1b 2a/2b 3a/3b	2,00 4,00 2,00
250	1a/1b 2a/2b 3a/3b	2,00 2,00 1,00
350	1a/1b 2a/2b 3a/3b	1,50 0,50 0,50

220°C ist also die Temperatur, bei der sich die Molekulargewichtsdifferenz in Bezug auf den Schweißdruck am meisten auswirkt. Bei niederen und höheren Temperaturen heben sich die Auswirkungen der verschiedenen Molekulargewichte und Weichmacherzusätze auf.

Beim Vergleich der Schweißstabtypen 2a/2b und 3a/3b treten im niederen und hohen Temperaturbereich Schnittpunkte auf, bei denen die Schweißdruckdifferenz zwischen hoch- und niedermolekularen Schweißdrähten gleich Null ist, d.h., daß sich bei diesen Temperaturen der Einfluß des Molekulargewichtes ausschaltet.

Des weiteren kann aus der Tabelle der Einfluß der Weichmachersorten abgelesen werden.

Hier zeigen die größte Auswirkung die Schweißstabtypen 2a/2b, es folgen 1a/1b und zuletzt 3a/3b. Bei den Schweißstabtypen 3a/3b flachen demnach die Weichmachereigenschaften des Geliermittels die Auswirkungen der Molekulargewichtsdifferenz etwas ab, wogegen der Weichmachertyp Palatinol AH bei den Schweißstabtypen 2a/2b der Auswirkung der Molekulargewichtsdifferenz einen größeren Raum freiläßt.

Dies ist in der Praxis wünschenswert, da der Weg zur Drahtfertigung guter

Schweißbarkeit in einem gesunden Kompromiß zwischen einer Zuhilfenahme einer Drahtweichstellung mittels Molekulargewichtsminderung und Weichmacherzusatz zu suchen ist, wenn man schon unbedingt einen Weichmacher einbauen will.

Das Gesamtbild der bisher angeführten Untersuchungen wird durch das Diagramm Abbildung 8 vervollständigt, das die Ergebnisse der gesamten Skala der Schweißstäbe von 0 bis 20 % Weichmacheranteil enthält. Es wird bei den einzelnen Weichmacherstufen die Auswirkung der Schweißtemperatur betrachtet auf Schweißgeschwindigkeit (v), Schweißdruck (p) und Schweißdrahtdehnung (ε).

Erkenntlich ist zwar der Vorteil der Weichmacherzugabe für eine gute Verarbeitbarkeit; mit solchen Schweißstäben lassen sich mit einer hohen Schweißgeschwindigkeit, einem geringen Schweißdruck und kleiner Schweißdrahtdehnung arbeiten. Es zeigt sich jedoch auch hier, daß die gleich guten Ergebnisse für Schweißstäbe geringeren Weichmachergehaltes erzielt werden können, wenn man mit den Schweißtemperaturen heraufgeht.

Der Verarbeitungsvorteil weichgestellter Drähte wird gleichfalls im Diagramm Abbildung 9 demonstriert, in dem die Schweißdrahtdehnung über den einzelnen Weichmacherstufen bei verschiedenen Schweißdrücken, aber sonst konstanten Bedingungen aufgezeigt ist. Bemerkenswert ist die beachtliche Schweißdrahtdehnung von etwa 60 % bei einem Schweißdruck von 2 kg, der annähernd dem Druck entspricht, den ein Schweißer dauernd aufbringen kann. Die maximalen Schweißnahtdehnwerte liegen je nach aufgebrachtem Schweißdruck zwischen 4 und 6 % Weichmacheranteil.

Ohne die Berücksichtigung anderer Faktoren hatte also die über ein Jahrzehnt lange Verwendung von 10 bis 13 % weichmacherhaltiger Schweißstäbe neben dem Vorteil der guten Schweißbarkeit auch in Bezug auf eine günstige Drahtdehnung schon seine Berechtigung.

Die vorgenannten anderen Faktoren sind jedoch die chemische Widerstandsfestigkeit und vor allem die Nahtfestigkeit überhaupt, also die Schweißnahtgüte. In der Beurteilung der Schweißnähte mit weichmacherfreien Stäben im Gegensatz zu weichgestellten Stäben gibt es in Bezug auf die chemische Widerstandsfestigkeit keine Zweifel. Weichmacherfreie Stäbe sind hier in jedem Falle vorzuziehen.

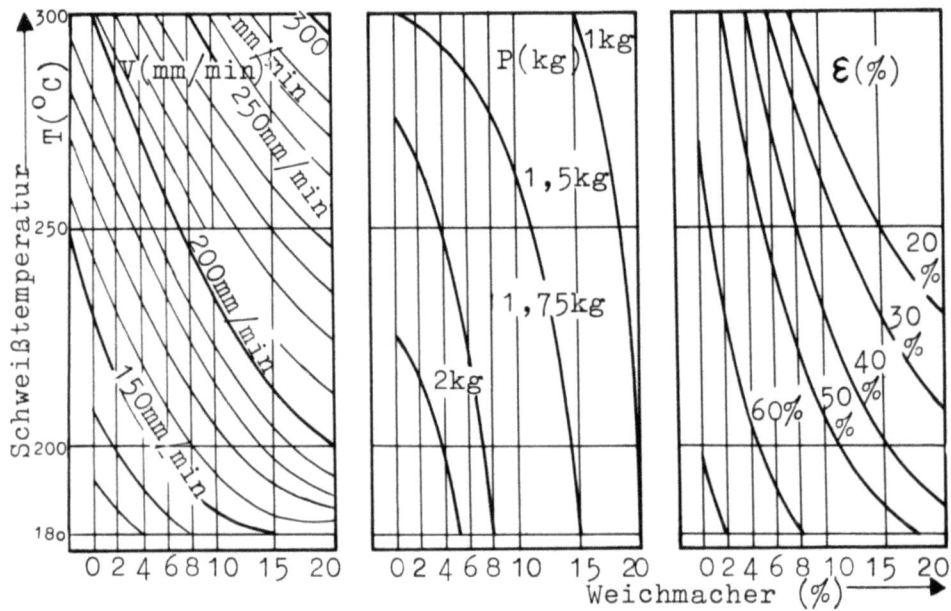

Abbildung 8

Der Einfluß der Schweißtemperatur auf Schweißgeschwindigkeit (v), Schweißdruck (P) und Schweißdrahtdehnung (ε) bei verschiedenen Schweißdrahtansätzen

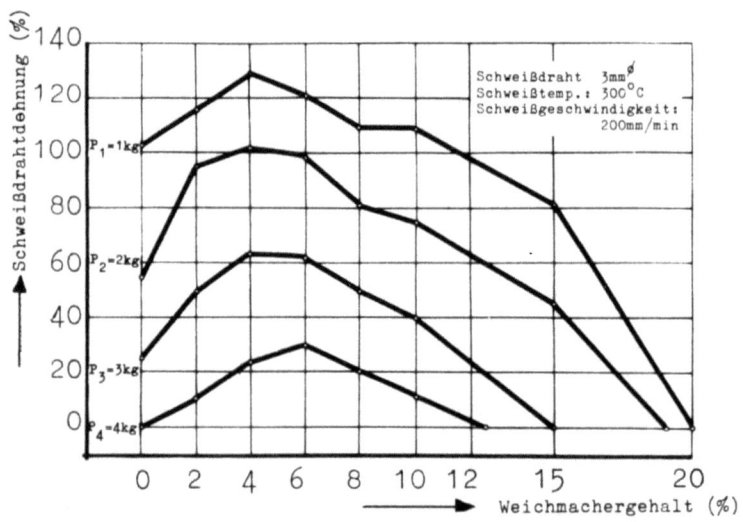

Abbildung 9

Einfluß des Weichmacheranteiles auf die Schweißnahtdehnung bei verschiedenen Schweißdrücken

4. Bestimmung des Weichmacheranteils von Schweißdrähten

In den vorangegangenen Ausführungen wurde bereits die Möglichkeit angedeutet, mit Hilfe eines Schweißtestes, der mit der Schweißmaschine durchgeführt wird, die Zusammensetzung des verwendeten Schweißstabes zu ermitteln.

Forschungsberichte des Wirtschafts- und Verkehrsministeriums Nordrhein-Westfalen

In Abbildung 10 wurden über dem Weichmacheranteil der Schweißstäbe die erreichten Kurzzeitzerreißfestigkeiten der Schweißverbindungen für verschiedene Beanspruchungstemperaturen aufgetragen. Die Verbindungslinie der Festigkeitswerte eines Schweißstabes bei verschiedenen Temperaturen ergibt im Schnittpunkt mit der Abszisse den Weichmacheranteil des verwendeten Schweißstabes. Auf diese Weise läßt sich demnach die Zusammensetzung eines unbekannten Schweißstabtypes ermitteln.

Ohne die Weichmacheranteile verschiedener Fertigungen von handelsüblichen Schweißstäben zu kennen, wurden die mit diesen Stäben erzielten Versuchswerte in das Diagramm eingetragen. Die sich ergebenden Weichmacher-Prozent-Werte entsprachen den tatsächlichen, später von den Firmen übermittelten Angaben dieser Schweißstäbe.

III. Festigkeitseigenschaften von Hart-PVC-Schweißverbindungen mit Zusatzdraht

Zur Ermittlung der Eigenschaften und Güte der Hart-PVC-Schweißverbindung wurden umfangreiche Zug- und Schlaguntersuchungen durchgeführt. Dabei wurde als Schweißverbindung die V-Naht gewählt, die wurzelseitig nicht nachgeschweißt war. Um beim Schweißvorgang stets konstante Arbeitsbedingungen zu haben, wurde zum Schweißen die bereits erwähnte Schweißmaschine eingesetzt, wobei die Arbeitswerte für die Schweißungen den Arbeitsdiagrammen für die verschiedenen Drahtansätze entnommen wurden.

Da die verwendeten Zusatzstäbe entscheidend für das Verhalten und die Güte der Schweißverbindung sind, wurden zunächst eingehende Untersuchungen über das Verhalten der Schweißstäbe durchgeführt.

1. Eigenschaften und Verhalten der Schweißdrähte

a) Versuchsanordnung und Versuchsdurchführung

Die Kurzzeit-Zerreißfestigkeit der verschiedenen Schweißstäbe wurde bei Zimmertemperatur mit der Wolpert-3-to-Universal-Prüfmaschine, bei höherer Temperatur mit der 50 kg Frank-Zerreißmaschine ermittelt. Für die Temperaturversuche wurde um den Dehnbereich der Zerreißmaschine ein Plexiglaskasten mit verschiebbarem Boden gebaut. Die Klemmbacken, mit denen der Prüfkörper gefaßt wurde, befanden sich jedoch außerhalb des Kastens, in

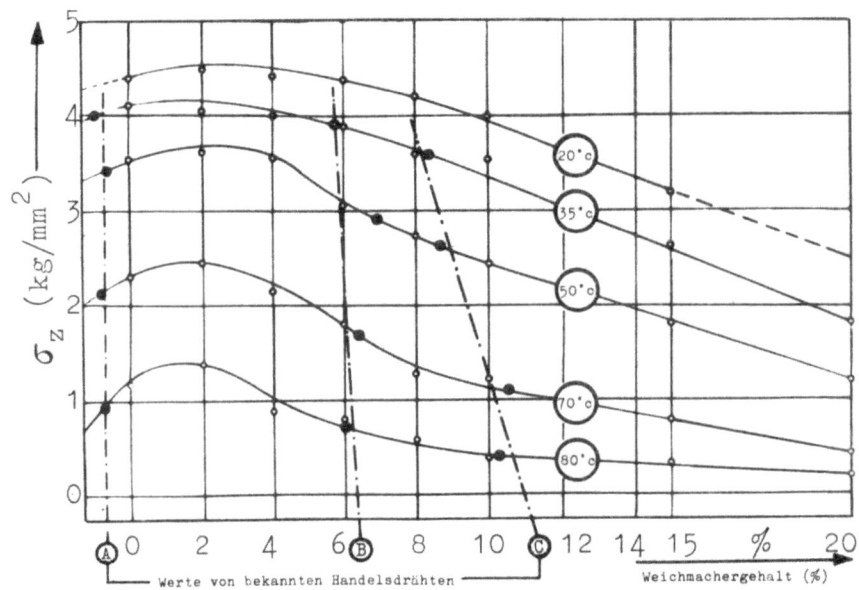

Abbildung 10

Kurzzeit-Zerreißfestigkeit in Abhängigkeit vom Weichmacheranteil
der Schweißstäbe bei verschiedenen Temperaturen und Bestimmung
des Weichmacheranteils unbekannten Zusatzmaterials

den temperierte Luft eingeblasen wurde. Schwankte bei dem Versuch die Temperatur im Prüfraum um mehr als $\pm 0,5 °C$, wurde die Messung nicht gewertet. Die Warmluft konnte aus dem Heizkasten durch die zur Probendurchführung angebrachten Öffnungen entweichen.

Da eine endgültige Prüfvorschrift für den Zerreißversuch für thermoplastische Kunststoffe noch nicht vorhanden ist, wurden auf Grund eingehender Vorversuche die Zerreißversuche so durchgeführt, daß die obere Fließgrenze, d.h. diejenige Belastung, die der Festigkeitsberechnung zugrunde gelegt wird, nach 1 min. erreicht wurde. Die bisher übliche Festlegung der Zerreißdauer bis zum Bruch kann bei den Thermoplasten nicht angewendet werden, da diese in keinem unmittelbaren Zusammenhang mit der Zerreißschwindigkeit steht, weil das Material meist bei einer bestimmten Belastung zu fließen beginnt und die Fließdauer von der Probenabmessung und -form sowie von der im allgemeinen unbekannten Materialvorbehandlung abhängig ist.

Diese neue Prüfbedingung für den Zugversuch, - d.h. die Festlegung der Zeit bis zum Erreichen der oberen Fließgrenze -, ermöglicht einen Festigkeitsvergleich der harten, spröden Thermoplaste, wie z.B. Plexiglas und Polystyrol, mit den harten, zähen Thermoplasten, wie z.B. Polyvinylchlorid und Astralon, da die der Berechnung zugrunde gelegte Belastung bei sämtlichen Werkstoffen in der gleichen Zeiteinheit erreicht wird.

b) Versuchsergebnisse

1) K o n s t i t u t i o n   u n d   V o r b e h a n d l u n g
   d e r   S c h w e i ß d r ä h t e

Zur Verfügung standen für die Untersuchung Schweißdrähte mit einem Weichmachergehalt von 0 bis 20 %; ihre Daten sind in folgender Zahlentafel zusammengestellt:

T a b e l l e   4

Untersuchte Schweißdrahtansätze und deren Schrumpfung beim Tempern. Versuchsbedingung: 30 min. Temperzeit bei 115 °C

Ansatz -	Polyvinyl-chlorid %	Weich-macher %	Weichm. art -	Schrumpfung %
I	98	2	Trikresyl-phosphat	3.1
II	96	4		2.3
III	92	8	"	2.3
IV	88	12		5.1
V	80	20	"	7.5
VI	84	10		5.0
VII	∼100	0		2.0
VIII	∼100	0		2.1
IX	∼100	0		1.8

Entsprechend ihrer Zusammensetzung war das äußere Aussehen der Schweißstäbe sehr unterschiedlich. Eine verhältnismäßig rauhe Oberfläche kennzeichnete die Schweißstäbe ohne Weichmacher. Mit steigendem Weichmacheranteil wurden diese zunehmend glatter. Infolge der Kerbempfindlichkeit des Hart-PVC dürfte diese Oberflächenänderung nicht ohne Einfluß auf deren mechanisches Verhalten geblieben sein.

Die Schweißstäbe waren in einer Strangpresse hergestellt. Bei dieser Fertigung können die Schweißstäbe ungewollt eine Vorreckung erhalten, wodurch sie mit inneren Spannungen behaftet werden; die ihrerseits die Eigenschaften störend beeinflussen können. Da über die Vorbehandlung der Schweißstäbe keine Angaben vorlagen, wurden sie zur Auslösung dieser fertigungsbedingten Vorreckung 30 min bei 115°C getempert und danach über einen längeren Zeitraum (ca. 8 Std.) möglichst gleichmäßig auf Zimmertemperatur abgekühlt. Mit steigendem Weichmacheranteil ergaben sich dabei größere Schrumpfungen, die dem Ansatz der Schweißstäbe entsprechend zwischen 1.8 und 7.5 % schwankten. Die Meßwerte enthält ebenfalls Tabelle 4.

2) Temperaturverhalten der Zerreißfestigkeit

Die Eigenschaftswerte der thermoplastischen Kunststoffe sind bekanntlich sehr stark temperaturabhängig, weshalb eine Untersuchung der Schweißstäbe auf ihr Temperaturverhalten und damit die Ermittlung ihres Erweichungsbereiches von Bedeutung ist. Die Kurzzeit-Zerreißfestigkeit der verschiedenen Schweißstabansätze wurde deshalb in einem Temperaturbereich von +20 bis +80°C in der bereits beschriebenen Warmzerreißapparatur ermittelt. Da das Fließen eines Werkstoffes beim technischen Einsatz als Versager zu werten ist, wurde der 1 min-Wert obere Fließgrenze als Berechnungsgrundlage festgelegt. Die berechtigte Verwendung dieses Kennwertes wurde bereits erläutert.

Die in den folgenden Diagrammen eingezeichneten Meßpunkte sind das arithmetische Mittel aus jeweils 6 Einzelwerten, wobei offensichtliche "Ausreißer" selbstverständlich unberücksichtigt bleiben. In Abbildung 11 ist die Kurzzeit-Zerreißfestigkeit der Schweißstäbe als Kurvenschar abhängig vom Weichmacheranteil aufgetragen. Als Parameter tritt in dieser Darstellung die Temperatur auf. Bei Raumtemperatur nimmt die Festigkeit mit zunehmendem Weichmacheranteil zunächst zu und erreicht bei Weichmacheranteil von etwa 11 % ein Maximum. Bei weiterer Zunahme des Weichmacheranteils fällt dann die Kurzzeit-Zerreißfestigkeit wieder ab. Der Einfluß der Temperatur macht sich dahingehend bemerkbar, daß sich das Festigkeitsmaximum mit steigender Temperatur sehr schnell zu geringeren Weichmacheranteilen hin verschiebt. Bereits bei einer Temperatur von 40°C finden sich die höchsten Festigkeitswerte bei den weichmacherfreien Schweißstäben.

Die Erscheinung, daß bei Raumtemperatur die Festigkeit mit steigendem Weichmachergehalt zunächst zunimmt, läßt folgende Strukturdeutung zu: Die Beweglichkeit der Makromoleküle bzw. der einzelnen Kettenglieder ist bei Raumtemperatur praktisch eingefroren, weshalb im weichmacherfreien Mate-

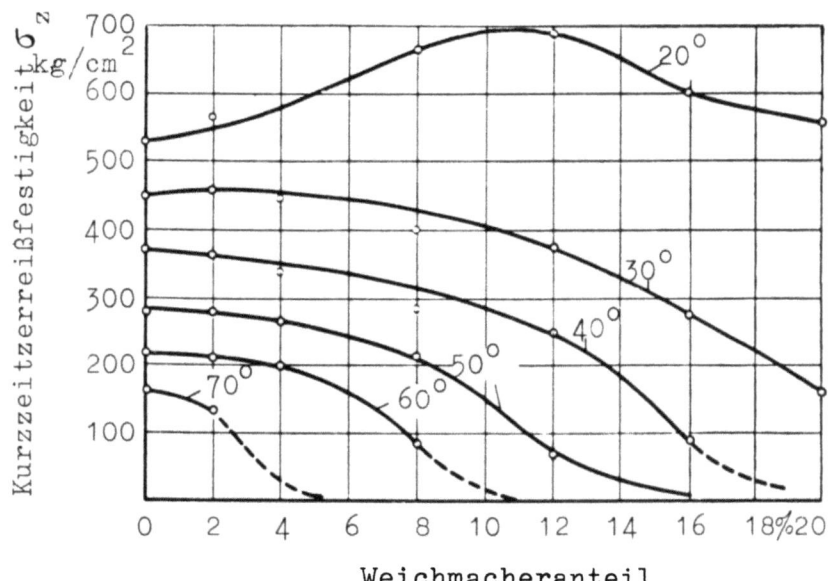

Abbildung 11

Kurzzeitzerreißfestigkeit σ_z der Schweißstäbe abhängig
vom Weichmacheranteil bei verschiedenen Temperaturen

rial fast ausschließlich nur die in Beanspruchungsrichtung gelagerten Molekülfäden beansprucht werden; zerreißen diese, dann ist die obere Fließgrenze erreicht. Bei niedrigem Weichmacheranteil lagert sich die Weichmachersubstanz zwischen die Moleküle und füllt die Hohlräume aus. Bei einer Beanspruchung wird in diesem Falle durch den eingelagerten Weichmacher ein Teil der Belastung auf Moleküle übertragen, die nicht in der Belastungsrichtung liegen. Die aufgebrachten äußeren Kräfte werden dadurch auf einen wesentlich größeren Teil der Moleküle verteilt; die Beanspruchung des Einzelmoleküls wird somit geringer, so daß insgesamt größere Kräfte aufgenommen werden können, d.h. die Materialfestigkeit erhöht sich. Werden jedoch die zugegebenen Weichmachermengen so groß, daß ihr Volum das strukturbedingte Hohlraumvolumen des Werkstoffes übersteigt, dann werden die Moleküle auseinandergedrückt und die intermolekular wirkenden Kräfte, die für die mechanischen Eigenschaften eines Werkstoffes von entscheidendem Einfluß sind, weitgehend ausgeschaltet. Dadurch bedingt, sinkt die Festigkeit ab.

In Abbildung 12 sind die Festigkeitstemperaturkurven mit dem Weichmacheranteil als Parameter dargestellt. Diese Kurvenschar zeigt die bekannte Erscheinung der Festigkeitsminderung bei thermischer Beanspruchung. Der Einfluß des Weichmacheranteiles äußert sich in einer Erhöhung des Tem-

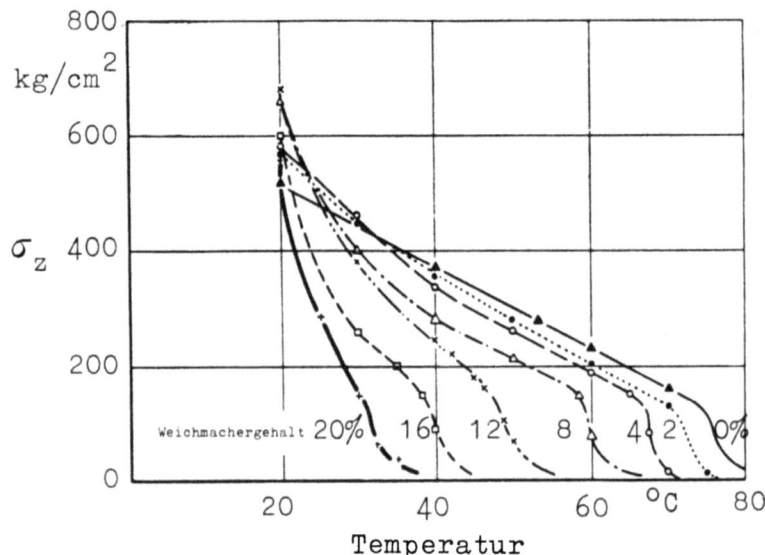

Abbildung 12

Kurzzeitzerreißfestigkeit σ_z der Schweißstäbe mit verschiedenem Weichmacheranteil abhängig von der Beanspruchungstemperatur

peratureinflusses, d.h. der Abfall der Festigkeit steigt je Temperatureinheit mit zunehmendem Weichmacheranteil.

Der plötzliche Abfall der Festigkeits-Temperaturkurven in einem bestimmten Temperaturbereich kennzeichnet den Übergang des Werkstoffes in die thermoelastische Zustandsform. Dieser Erweichungsbereich verschiebt sich erwartungsgemäß mit zunehmendem Weichmacheranteil zu niederen Temperaturen. Bei Schweißstäben ohne Weichmacher liegt dieser Übergangsbereich zwischen 70° und 80°C, bei Stäben mit einem Weichmacheranteil von 20 % bei etwa 30°C.

Diese Ergebnisse finden ihre Bestätigung in einer Arbeit von W. KNAPPE und A. SCHULZ über die "Bestimmung der Wirksamkeit von Weichmachern bei Polyvinylchlorid", in der bei Polyvinylchlorid - abhängig von der Weichmacherart und dem Weichmacheranteil - die Einfriertemperaturen, d.h. die Übergangstemperatur von der thermoelastischen zur harten Zustandsform bestimmt wurde.

Forschungsberichte des Wirtschafts- und Verkehrsministeriums Nordrhein-Westfalen

2. Festigkeitsverhalten der Schweißverbindung von Hart-PVC mit Zusatzmaterial

a) Versuchsanordnung und Versuchsdurchführung

1) U n t e r s u c h u n g   d e r   K u r z z e i t z e r r e i ß -
f e s t i g k e i t

Die Messung der Zerreißfestigkeit der Schweißverbindungen erfolgte mit der 3 to-Wolpert-Universal-Prüfmaschine, die mit 5 Meßbereichen ausgerüstet ist. Die Untersuchungen erstreckten sich auf einen Temperaturbereich von etwa +20° bis +80°C, wobei bei den höheren Temperaturen so vorgegangen wurde, daß die auf Prüftemperatur vorgewärmten Proben während des Versuchs von einem ziehharmonikaartigem Balg umschlossen wurden, durch den Warmluft derselben Temperatur strömte. Diese in die Zerreißmaschine eingebaute Versuchsapparatur zeigt Abbildung 13.

Die Prüfung der Schweißverbindungen wurde so vorgenommen, daß die Proben zunächst in einem Wärmeofen 60 min. bei der Versuchstemperatur gelagert und danach, in der Zerreißmaschine eingespannt, 5 min. dem Luftstrom gleicher Temperatur ausgesetzt wurden. Die Belastungsgeschwindigkeit war wieder so gewählt, daß die obere Fließgrenze, die bei den Versuchen zumindest im unteren Temperaturbereich auch der Buchgrenze entsprach, nach etwa 60 sec. erreicht wurde. Zur Ermittlung der tatsächlichen Schweißnahtfestigkeit haben sich die bisher verwendeten geraden Prüfstäbe als ungeeignet erwiesen, da die Ergebnisse durch das Verhalten des Grundmaterials, seine Inhomogenitäten und sein Fließverhalten, entscheidend beeinflußt wurden. Um vergleichbare Versuchsergebnisse der geschweißten Proben zu erhalten, ist aus diesem Grunde eine Prüfstabform entwickelt worden, bei der die Schweißnaht durch eine Ausrundung, d.h. durch eine Querschnittsverminderung, zur Sollbruchstelle ausgebildet wurde. Aus umfangreichen Versuchsreihen hat sich die in Abbildung 14 dargestellte Probenform als die geeignetste erwiesen. Bei Raumtemperatur brachen bei dieser Probenform 98 % aller Stäbe in der Schweißnaht. Weiterhin trat bei dieser Probenform der geringste Streubereich auf.

Da bekanntlich die Probenform die Meßergebnisse beeinflußt, wurden zunächst Vergleichsversuche zur Ermittlung des Formfaktors angestellt. Die Ausrundung der Probe verursacht bei Zugbeanspruchung eine Fließbehinderung

Abbildung 13
Vorrichtung zur Prüfung der Zerreißfestigkeit von Hart-PVC-
Schweißverbindungen bei erhöhten Temperaturen

und infolgedessen eine Festigkeitserhöhung, die bei Hart-PVC zu 16 % ermittelt wurde. Dieser Formfaktor ist eine vom Werkstoff abhängige Kennzahl, die durch einen Korrekturfaktor bei der Berechnung der spezifischen Festigkeit zu berücksichtigen ist. Somit lautet hierfür die aus der elementaren Festigkeitslehre her bekannte Formel für die Zerreißfestigkeit

$$\sigma_z = \frac{P}{F}$$

bei Hart-PVC $\quad \sigma_z = \frac{1}{1,16} \cdot \frac{P}{F} = 0,862 \cdot \frac{P}{F}$ (kg/cm^2).

Für die Herstellung der Prüfkörper wurde eine Bohr- und Fräsvorrichtung (Abb. 15) gebaut, wodurch sich bei den geschweißten Proben eine weitgehende Formgleichheit erreichen ließ und die Schweißnaht stets in der Mitte der Ausrundung zu liegen kam.

2) Untersuchung der Schlagfestigkeit

Die Schlagbiegewerte der geschweißten Proben wurden mit einem Schopper-Pendelschlagwerk, das ein Arbeitsvermögen von 60 cmkg hat, ermittelt. Der Temperaturbereich erstreckte sich von -20° bis +70°C. Für den Schlagversuch wurden die Proben etwa eine Stunde bei Prüftemperatur gelagert und danach bei Normaltemperatur geschlagen. Diese Arbeitsweise ist ohne nennenswerten Einfluß auf die Ergebnisse, da die Prüfzeit sehr kurz und dem-

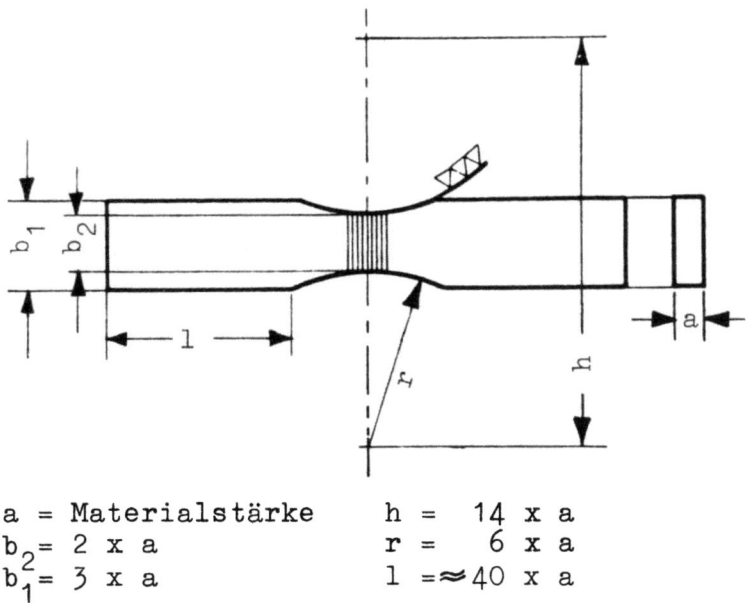

a = Materialstärke h = 14 x a
b_2 = 2 x a r = 6 x a
b_1 = 3 x a l ≈ 40 x a

Abbildung 14
Prüfkörperform für den Zerreißversuch an
Hart-PVC-Schweißverbindungen

zufolge der Temperaturabfall unbedeutend ist. Um zu einem umfassenden Überblick über das Schlagverhalten der Schweißverbindung zu gelangen, wurden 3 verschiedene Schlagbeanspruchungen festgelegt: Schlag auf die Schweißraupe, auf die Schweißnahtwurzel und 15 mm neben die Schweißnahtwurzel. Diese Beanspruchungsarten sind in Abbildung 16 skizziert.

b) Versuchsergebnisse

1) Verhalten bei Zugbeanspruchung

Neben der Zusammensetzung des Schweißstabes übt die Beanspruchungstemperatur einen entscheidenden Einfluß auf das Verhalten der Schweißverbindung aus. Deshalb wurden diese wichtigsten Einflußgrößen den Festigkeitsuntersuchungen zugrunde gelegt. Die Auswertung mehrerer tausend Einzelmessungen erfolgte durch arithmetische Mittelwertsbildung, wobei jeder dieser Werte durch mindestens 10 Einzelmessungen belegt ist. Offensichtliche "Ausreißer", die durch Schweißfehler oder andere äußere Einflüsse auftraten, wurden ausgeschieden und blieben bei der Mittelwertsbildung unberücksichtigt.

Die graphische Auswertung dieser Mittelwerte zeigt für eine Materialdicke von 5 mm in Abhängigkeit von der Temperatur Abbildung 17. Der Weichmacheranteil der Schweißstäbe erscheint bei dieser Darstellung als Parameter.

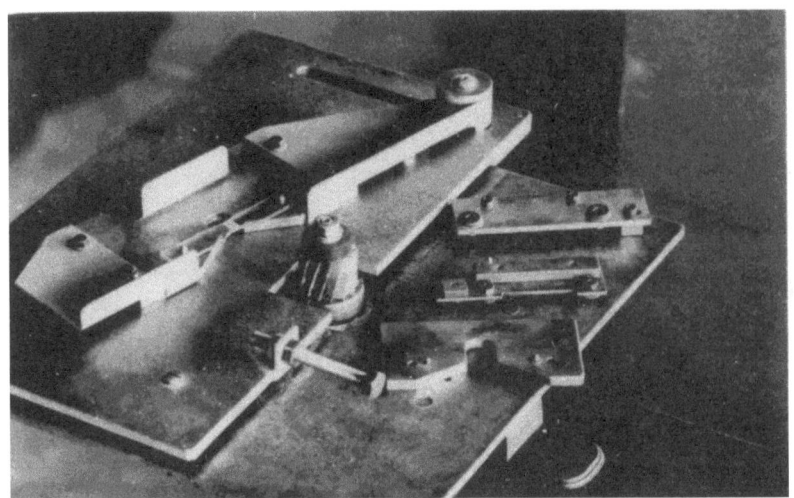

Abbildung 15

Fräsvorrichtung a und Bohrlehre b zur Herstellung von Prüfkörpern für den Zerreißversuch bei harten geschweißten Thermoplasten

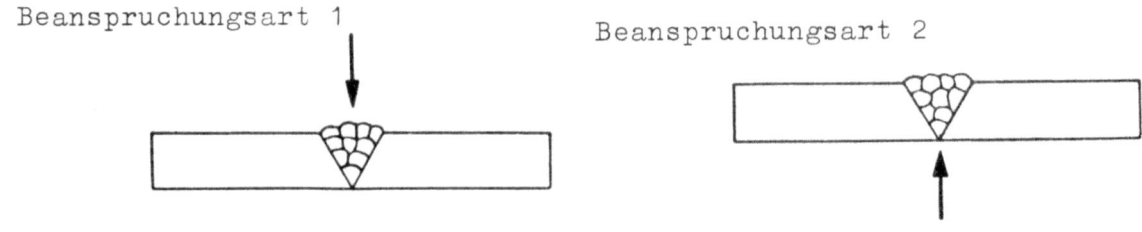

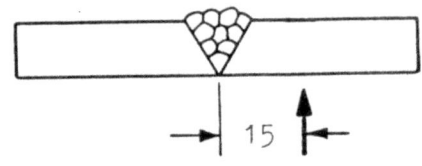

Abbildung 16

Schematische Darstellung der Arten der Schlagbeanspruchung von Hart-PVC-Schweißnähten. Beanspruchungsarten: 1. Schlag auf die Schweißraupe, 2. Schlag auf die Schweißnahtwurzel, 3. Schlag 15 mm neben die Schweißnahtwurzel

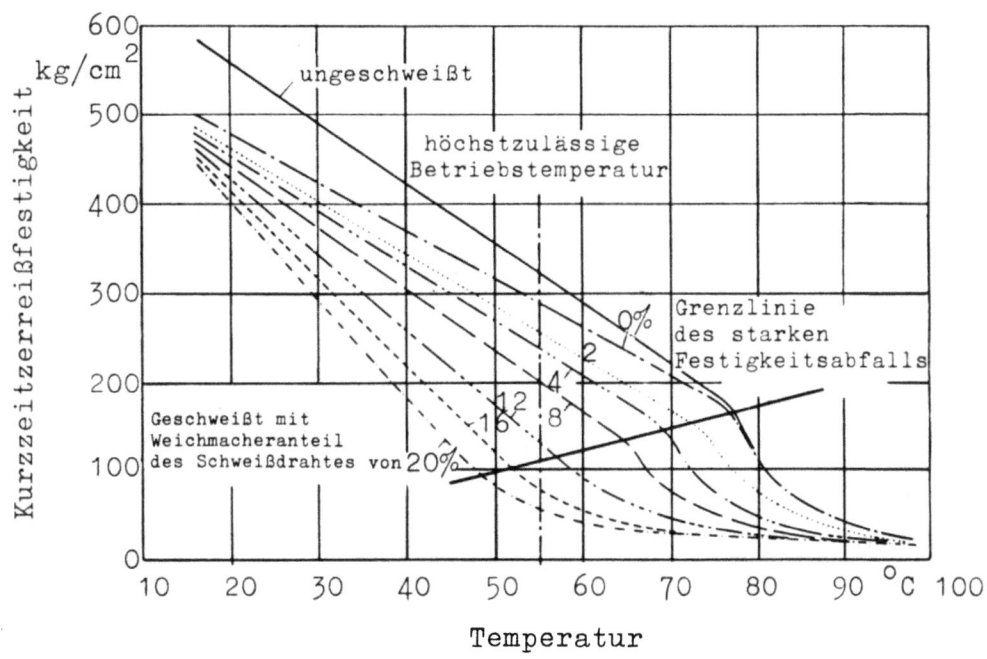

Abbildung 17

Kurzzeitzerreißfestigkeit von geschweißten Hart-PVC-Proben in Abhängigkeit von der Beanspruchungstemperatur für verschiedene Weichmacheranteile des Schweißstabes. Grundmaterialdicke: 5 mm

Die Meßkurven lassen erkennen, daß die Schweißnahtfestigkeit mit zunehmendem Weichmacheranteil des Zusatzstabes sinkt und mit steigender Temperatur der Weichmachereinfluß auf die Schweißnahtfestigkeit wächst. Dieser Einfluß macht sich bei höheren Weichmacheranteilen besonders bemerkbar, worauf bereits auch bei der Besprechung der Untersuchungsergebnisse an den Schweißstäben hingewiesen wurde. Eine Verschiebung des Erweichungsbereiches zu niederen Temperaturen hin geht mit zunehmendem Weichmacheranteil des Zusatzstabes klar aus der Darstellung hervor. Bemerkenswert ist dabei, daß sich die Festigkeitswerte der weichmacherfreien Schweißverbindung bei höheren Temperaturen der Grundmaterialfestigkeit nähern. Diese Erscheinung ist damit zu erklären, daß bei höheren Temperaturen die Überhöhung der Naht an Einfluß gewinnt und die bisher festigkeitsmindernden Einflußgrößen - wie beispielsweise Kerbeinflüsse innerhalb der Schweißnaht u.a. - überdeckt. Das Verhalten der verschiedenen Schweißverbindungen wird besonders durch den Schweißfaktor v charakterisiert, der als das Verhältnis der Schweißnahtfestigkeit zu Grundmaterialfestigkeit definiert ist, also

$$v = \frac{\sigma_{z\ oFl.}}{\sigma_{oz\ oFl.}}.$$

$\sigma_{z\,oFl.}$ ist der Wert der oberen Fließgrenze bei den geschweißten Prüfkörpern, $\sigma_{oz\,oFl.}$ dagegen der gleiche Werte beim Grundmaterial.

Die errechneten Schweißfaktoren sind in Tabelle 5 zusammengestellt und in Abbildung 18 graphisch ausgewertet. Diese Kurvenschar ermöglicht einen Gütevergleich der Schweißverbindung mit den verschiedenen Schweißstabansätzen. Mit steigender Temperatur nimmt - ausgenommen die Schweißverbindung mittels eines weichmacherfreien Schweißstabes - der Schweißfaktor ab, und zwar um so mehr, je höher der Weichmacheranteil des Schweißstabes ist. Wird als höchstzulässige Betriebstemperatur für PVC eine Temperatur von 55°C angenommen, dann erfüllen Schweißstäbe mit einem höheren Weichmacheranteil als 8 % nicht mehr die Forderung nach einem Mindestschweißfaktor von 0.6.

In Diagramm 19 sind abhängig vom Weichmachergehalt und der Beanspruchungstemperatur die gemessenen Zugfestigkeitswerte als Linien gleicher Festigkeit aufgetragen. Der Bereich der ungenügenden Bindefestigkeit ist durch den Gütefaktor $v = 0.6$ gegeben. Auch aus dieser Darstellung ist klar ersichtlich, daß für Temperaturbeanspruchungen ausschließlich Schweißstäbe ohne Weichmacher zum Einsatz kommen sollten, um vor allem bei Dauerbetriebsbeanspruchungen den beträchtlichen Festigkeitsabfall der weichgemachten Schweißstäbe auszuschalten.

Ein weiterer Einflußfaktor tritt bei einem Vergleich der Abbildung 18 mit Abbildung 19 noch zutage. Es ist der Einfluß der Materialdicke. Die bereits bekannte Erscheinung, daß mit steigender Materialdicke die Festigkeit geringer wird, tritt bei geschweißten Proben noch stärker in den Vordergrund und erfährt durch die weichmacherhaltigen Schweißstäbe noch eine gewisse Erhöhung.

Aus den graphischen Darstellungen ergibt sich für die Praxis die Schlußfolgerung, daß temperaturbeanspruchte Schweißverbindungen möglichst mit weichmacherfreien Schweißstäben zu schweißen sind, da weichmacherhaltige Schweißverbindungen wesentlich temperaturempfindlicher sind und der in den Verarbeitungsrichtlinien geforderte Mindestschweißfaktor sehr bald unterschritten wird. Weiterhin kommt noch hinzu, daß weichmacherhaltige Schweißstäbe gegenüber aggressiven Medien eine wesentlich geringere Widerstandsfähigkeit aufweisen als diejenigen ohne Weichmacherzusatz. Da zudem mit steigender Temperatur die Korrosionsbeständigkeit noch abnimmt, dürfte der Einsatz von weichmacherfreien Schweißstäben unzweifelhaft von Vorteil sein.

Das Bruchverhalten des geschweißten Werkstoffes ist wesentlich verschieden von demjenigen des Grundwerkstoffes. Während bei Raumtemperatur normalerweise das Grundmaterial nach Erreichen der oberen Fließgrenze zum Fließen neigt, brechen die geschweißten Proben zumeist immer mit Erreichen der maximalen Belastung, d.h. nach Erreichen der oberen Fließgrenze. Infolge der verschiedenartigsten Kerbwirkungen in der Schweißnaht treten fast dehnungsfreie, spröde Brüche auf. Der Bruch beginnt zumeist in einer Schweißnahtfehlstelle, die der Ort großer Spannungskonzentration ist, und verläuft von da ausgehend strahlenförmig durch die Schweißnaht. Die Bruchflächen sind rauh und gefurcht; sie liegen bei diesen dehnungsfreien Gewaltbrüchen senkrecht zur größten wirkenden Normalspannung. Diese Erscheinung berechtigt zu dem Schluß, daß bei Beanspruchungen senkrecht zur Schweißnaht deren Schubfestigkeit höher liegt als die Trennfestigkeit.

Das Bruchverhalten wird - eine einwandfreie Schweißung vorausgesetzt - naturgemäß wesentlich von 2 Faktoren bestimmt: der Einsatztemperatur und dem Schweißstabansatz.

Für normale Temperaturbeanspruchung ist der verformungslose, spröde Bruch kennzeichnend (Abb. 20). Nähert sich jedoch die Einsatztemperatur dem Erweichungsbereich des Zusatzmaterials, dann treten Fließbrüche auf (Abb.21).

A b b i l d u n g   21
Bruchfläche von Hart-PVC-Schweißnähten mit 2 % Weichmacheranteil
bei 60°C. Fließbruch mit beachtlicher Schweißnahtdehnung

Forschungsberichte des Wirtschafts- und Verkehrsministeriums Nordrhein-Westfalen

Tabelle 5

Schweißfaktor v bei verschiedenen Temperaturen
und Schweißstabansätzen

Weichmacheranteil des Zusatzstabes %	Schweißfaktor ν in % bei						
	20°C	30°C	40°C	50°C	60°C	70°C	80°C
0	0,850	0,860	0,866	0,872	0,904	0,935	1,000
2	0,828	0,823	0,810	0,804	0,788	0,756	0,704
4	0,812	0,798	0,778	0,751	0,723	0,608	0,460
8	0,795	0,760	0,713	0,668	0,580	0,350	0,296
12	0,770	0,698	0,612	0,494	0,312	0,207	0,260
16	0,742	0,650	0,521	0,345	0,169	0,176	
20	0,725	0,598	0,432	0,230	0,138	0,136	

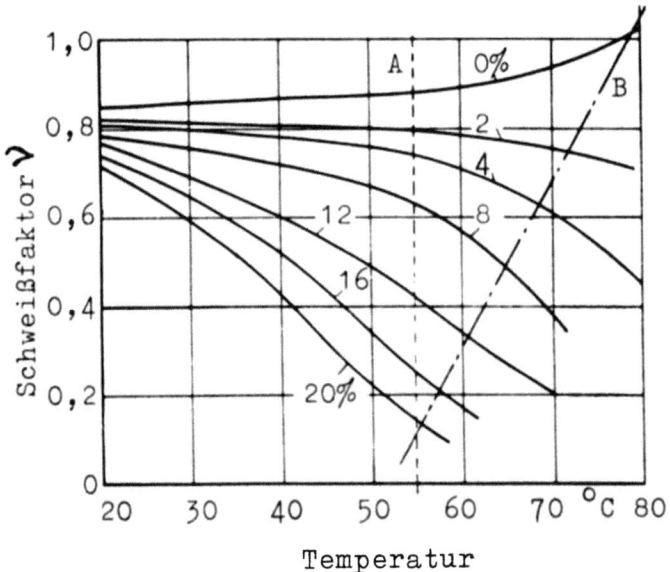

Abbildung 18

Schweißfaktor v abhängig von der Beanspruchungstemperatur. Parameter:
Weichmacheranteil des Schweißstabes, Grundmaterialdicke: 5 mm, Linie
A: höchstzulässige Betriebstemperatur, Linie B: Grenzlinie des starken
Festigkeitsabfalles

Die Schweißnaht dehnt sich beachtlich und die Festigkeitswerte der Naht
sind, da diese einen größeren Querschnitt als das Grundmaterial hat, oft

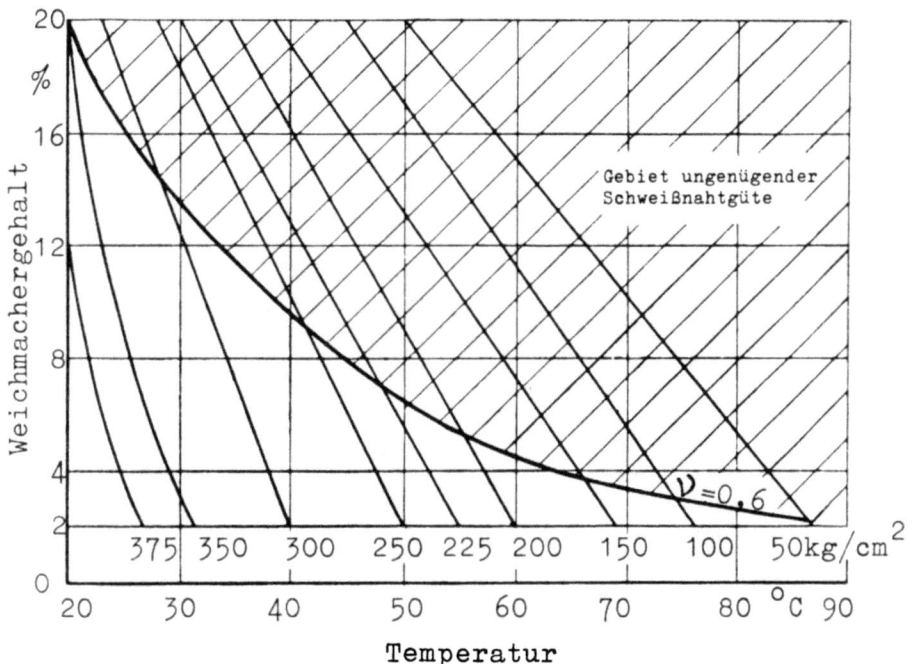

Abbildung 19

Kurzzeitzerreißfestigkeit von geschweißtem Hart-PVC abhängig vom
Weichmacheranteil des Schweißstabes und der Beanspruchungstemperatur. Grundmaterialdicke: 8 mm

Abbildung 20

Bruchbild eines Hart-PVC-Schweißstabes mit 2 % Weichmacheranteil
bei 20°C. Spröder, verformungsloser Bruch

höher als die Grundmaterialfestigkeit. Dabei tritt der Bruch meist an den
Verbindungsstellen der Schweißnahtlagen auf.

Forschungsberichte des Wirtschafts- und Verkehrsministeriums Nordrhein-Westfalen

Den Einfluß des verwendeten Zusatzwerkstoffes auf die Bruchausbildung läßt Abbildung 22 und Abbildung 23 erkennen. Bei einer Prüftemperatur von 20°C bricht der 8 % Weichmacher enthaltende Schweißstab spröde (s.

A b b i l d u n g   22
Schweißstab mit 8 % Weichmacheranteil. Spröder Bruch

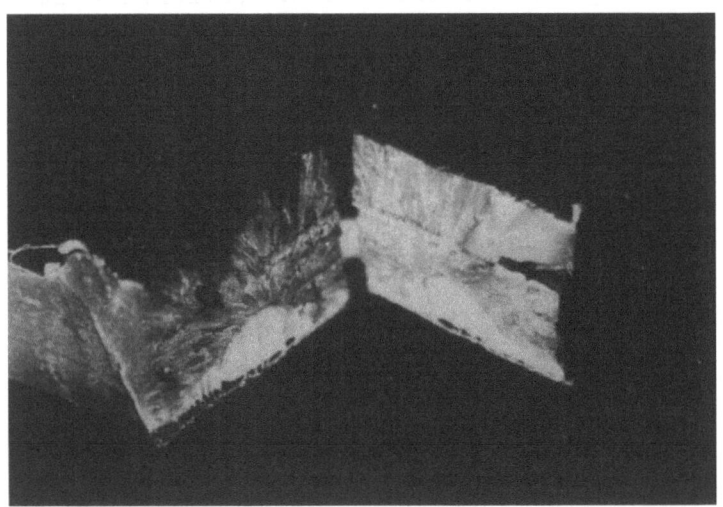

A b b i l d u n g   23
Schweißstab mit 20 % Weichmacheranteil.
Bruch und Fließerscheinungen

A b b i l d u n g   22 und 23
Einfluß des Zusatzwerkstoffes auf das Bruchverhalten
von Hart-PVC-Schweißungen bei Raumtemperatur

Abb. 22) und der mit 20 % Weichmacher mit deutlichen Fließerscheinungen, die in der Abbildung 23 als Weißfärbung erkenntlich sind.

Überblickt man jedoch das Zusammenspiel von Weichmacheranteil des Schweißstabes und der Prüftemperatur, dann findet man mit steigendem Weichmacheranteil bei niederen Temperaturen die gleichen Bruchformen wie bei den weichmacherfreien Stäben bei höheren Temperaturen. Damit findet auch im Bruchverhalten der Schweißnaht die schon mehrfach erwähnte Tatsache ihre Bestätigung, daß die mögliche Temperaturbeanspruchung einer Schweißnaht mit steigendem Weichmacheranteil des Zusatzstabes zu niedrigeren Temperaturen hin verschoben wird.

Aus dem Bruchverhalten und der Ausbildung des Bruchgefüges einer Schweißnaht kann demnach nicht nur auf die Güte der Schweißverbindung geschlossen werden, sondern es besteht durchaus die Möglichkeit, entweder bei bekannter Einsatztemperatur auf die Zusammensetzung des verwendeten Schweißstabes zu schließen, oder aber bei Kenntnis des Schweißstabansatzes die Temperaturbeanspruchung festzulegen. Auf diese Möglichkeit wurde bereits in einem vorangegangenen Abschnitt hingewiesen.

2) Verhalten bei Schlagbeanspruchung

Im allgemeinen wird der Bruch eines Werkstückes nicht durch eine ruhende, gleichmäßige Beanspruchung ausgelöst, sondern zumeist durch Stöße und Belastungsschwankungen. Deshalb kann die Schlagbiegefestigkeit als technisches Maß zur Beurteilung der Zähigkeit oder der Sprödigkeit eines Werkstoffes betrachtet werden. Da hierbei die Art der Schlagbeanspruchung auf das Verhalten der Schweißnaht von Einfluß ist, wurden zu ihrer Prüfung die in Abbildung 16 skizzierten drei Beanspruchungsarten ausgewählt. Aus mindestens 12 Einzelmessungen wurden die Schlagwerte durch statistische Mittelwertsbildung bestimmt.

Die mittleren Schlagarbeitswerte sind für die drei Beanspruchungsarten in den Diagrammen Abbildung 24 bis 26 über der Prüftemperatur aufgetragen. Als Parameter erscheint in diesen Darstellungen der Weichmacheranteil der Schweißstäbe. Der Verlauf der Kurven läßt erkennen, daß mit steigender Temperatur die Schlagarbeit zunimmt.

Dieses Verhalten läßt sich damit erklären, daß sich mit steigender Temperatur – infolge der Annäherung an den Erweichungsbereich – die Zähigkeit des Werkstoffes erhöht und somit die erforderliche Schlagarbeit größer

Seite 39

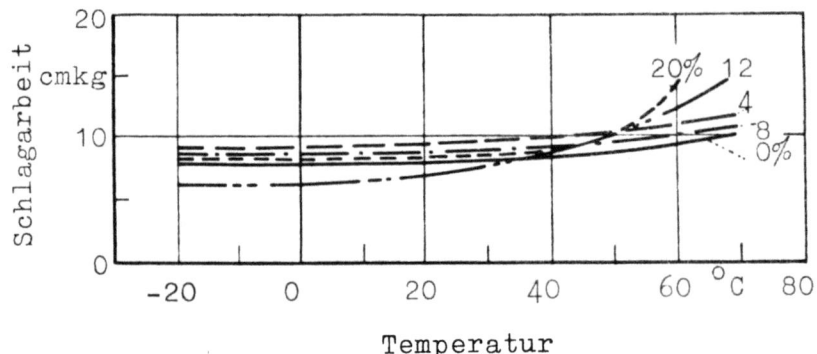

Abbildung 24
Schlag auf die Wurzel

wird. Weiterhin kann aus dem Vergleich der Kurvenscharen der drei Beanspruchungsarten gefolgert werden, daß die günstigsten Arbeitswerte bei dem "Schlag auf die Schweißraupe" auftreten. Bei dieser Beanspruchungsart läuft die äußere Zugfaser, d.h. das Maximum der Beanspruchung, durch die Schweißnahtwurzel. Da diese aber bei einwandfreier Schweißarbeit keine Kerbstellen und auch keine scharfen Querschnittsübergänge aufweist, ist ein ungestörter, glatter Kraftfluß und damit ein höherer Schlagarbeitswert möglich. Dagegen verläuft beim "Schlag auf die Wurzel" die äußere Zugfaser durch die aus mehreren Schweißstäben bestehende Schweißraupe, die infolge der Arbeitstechnik Kerbzonen aufweist. Wegen der an diesen Stellen auftretenden Spannungskonzentration gehen die Probenkörper bei niedrigeren Arbeitswerten vorzeitig zu Bruch. Die Abhängigkeit der Schlagarbeit vom Weichmacheranteil des verarbeiteten Schweißstabes kommt eindeutig nur bei der Beanspruchungsart "Schlag auf die Schweißraupe" (Abb. 25) zum Ausdruck, weil lediglich hierbei der Bruch überwiegend durch die Schweißnaht verläuft. Wie aus den Messungen hervorgeht, nehmen die Schlagarbeitswerte zunächst mit steigendem Weichmacheranteil zu, um nach Überschreitung eines Maximums zu niedrigeren Werten abzufallen. Dabei liegen die Werte der Schweißstäbe mit einem Weichmacheranteil von 12 % und mehr unterhalb der Werte für weichmacherfreie Schweißstäbe. Derartige Stäbe sollten demnach keinesfalls für die Schweißung eingesetzt werden, da die Schlagbiegefestigkeit der Schweißverbindung im Normaltemperaturbereich mit etwa 10 cmkg ohnehin beachtlich niedrig liegt.

Das Bruchverhalten der Schweißstäbe ist entsprechend der Beanspruchungsart recht unterschiedlich. Bei Raumtemperatur treten die in Abbildung 27

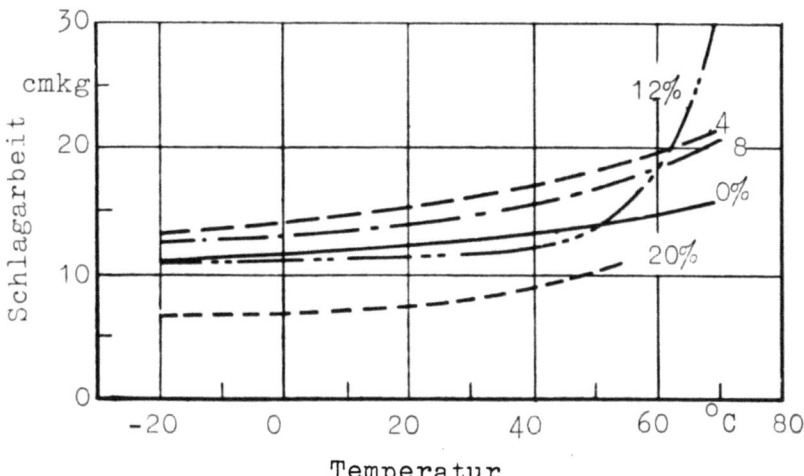

Abbildung 25
Schlag auf die Raupe

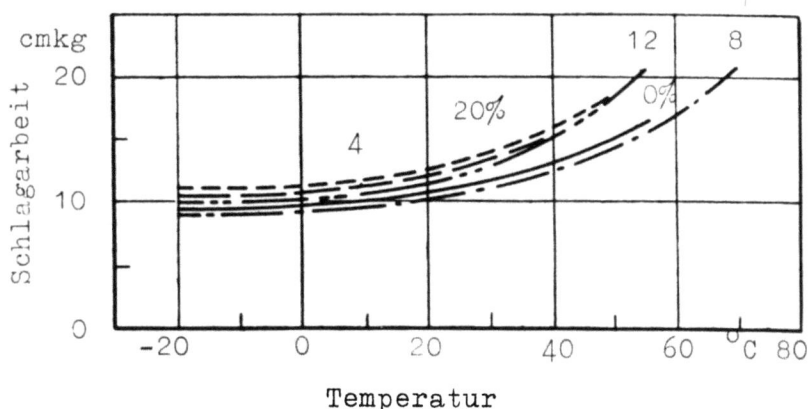

Abbildung 26
Schlag 15 mm neben die Wurzel

Abbildung 24 - 26
Schlagarbeitswerte von geschweißtem Hart-PVC, abhängig von der
Temperatur bei verschiedenen Schweißstabansätzen. Probengröße:
80x15x10 mm, Stützweite: 40 mm, Arbeitsvermögen des
Pendelschlagwerkes: 60 cmkg

schematisch dargestellten Bruchformen auf. Bei dem "Schlag auf die Wurzel" der Schweißnaht bilden sich glatte Trennbrüche aus, die an der Übergangsstelle Schweißraupe/Grundmaterial beginnen und überwiegend außerhalb der Schweißnaht im Grundmaterial zur Schweißnahtwurzel verlaufen. Beim Schlag auf die Raupe geht dagegen ein glatter Trennbruch durch die Schweißnaht, während bei dem Schlag neben die Raupe der Bruch vom Auftreffpunkt der Schlagfinne durch das Grundmaterial zur Verbindungsstelle von Schweißraupe und Grundmaterial verläuft.

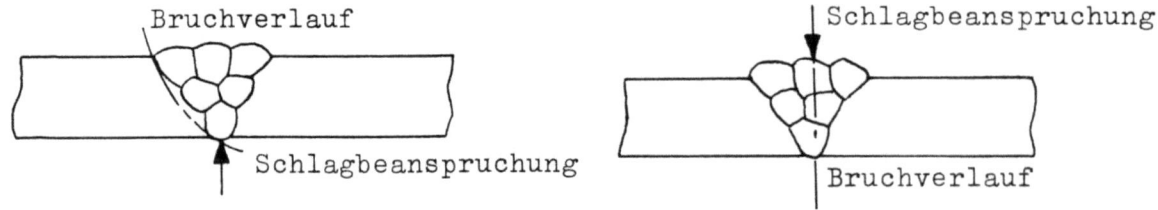

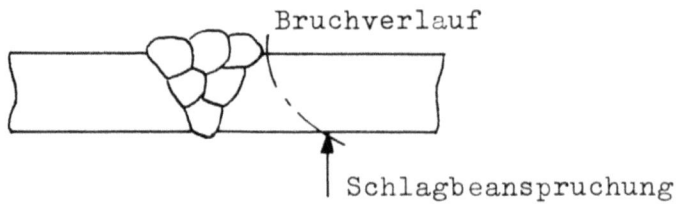

Abbildung 27
Schematische Darstellung des Bruchverlaufes von geschweißtem Hart-PVC bei Schlagbeanspruchung

Der Bruch durch Schlagbeanspruchung ist ein reiner Trennbruch, der vorzeitig durch das spröde Verhalten der Schweißnaht und eine plötzliche Spannungskonzentration am Schlagpunkt ausgelöst wird. Das Bruchgefüge ist dabei glatt. Bei höheren Temperaturen werden die Proben nicht mehr durchgeschlagen. Infolge großer plastischer Formänderungen entstehen nur noch Anbrüche an der Übergangsstelle Schweißraupe/Grundmaterial.

IV. Zusammenfassung

Hart-PVC, Halbzeug in Form von Folien, Platten, Blöcken, Rohren, Stäben, Profilen u.a. läßt sich neben anderen Verarbeitungsverfahren der spangebenden und spanlosen Formgebung (Warmverformung) in Schweißverfahren verschiedener Art, jedoch vor allem im Heißgas-Schweißverfahren mit Zusatzdraht vorzüglich verarbeiten.

Nach den ersten Arbeiten A. HENNINGs auf dem Gebiet der Schweißung von Hart-PVC in der Mitte der 30er Jahre stellt der vorliegende Forschungsbericht die erste Zusammenfassung der neuen Erkenntnisse über dieses Arbeitsverfahren dar. Die in den Entwicklungsjahren des Werkstoffes geschaffenen Arbeitsverfahren und Geräte, speziell die der Schweißtechnik, haben sich grundlegend bewährt.

Die Schweißung von Hart-PVC ist wirtschaftlich sowohl mit als auch ohne weichmacherenthaltenden Schweißstäben möglich. Jedoch bietet die Verwendung von Schweißstäben ohne Weichmacherzusatz beachtliche technische Vorteile, die ihre Verwendung als vorteilhafter erscheinen lassen.

Als besondere Vorteile der weichmacherfreien Schweißstäbe seien hervorgehoben: die größere Wärmestandfestigkeit aufgrund eines höheren Erweichungstemperaturbereiches und damit verbunden die günstigeren Festigkeitswerte bei erhöhten Temperaturen und die gleiche Chemikalienbeständigkeit wie beim Grundmaterial. Diese Überlegenheit der Schweißverbindungen mit weichmacherfreien Stäben kommt in den Festigkeitsuntersuchungen eindeutig zum Ausdruck.

Der Nachteil der schwierigeren Verarbeitbarkeit der weichmacherfreien Schweißstäbe gegenüber den weichmacherhaltigen kann durch eine höhere Schweißtemperatur als bisher üblich aufgehoben werden. Durch die Aufstellung von Arbeitsdiagrammen für die verschieden zusammengesetzten Schweißstäbe konnten deren günstigste Verarbeitungsbedingungen ermittelt und die möglichen Schweißleistungen verglichen werden. Da die Festigkeitsuntersuchungen keine nachteilige Beeinflussung durch die höheren Schweißtemperaturen erkennen ließ und zudem bei den höheren Arbeitstemperaturen die Schweißstabdehnung geringer und der erforderliche Schweißdruck niedriger wird, dürfte die Anwendung von höheren Schweißtemperaturen und der Einsatz von weichmacherfreien Schweißstäben, wie er sich aus den Ergebnissen dieser Arbeit ableiten läßt, keine technischen Schwierigkeiten bereiten.

Prof. Dr.-Ing. habil. K. KREKELER, Aachen
Dr.-Ing. H. PEUKERT, Aachen
Dipl.-Ing. W. SCHMITZ, Siegburg
Institut für Kunststoffverarbeitung
in Industrie und Handwerk an der
Technischen Hochschule Aachen

V. Literaturverzeichnis

(1) SAECHTLING, H.J.   Die Grenzen der Kunststoffverwendung. Sonderdruck "Kunststoffe - Werkstoffe nach Maß", Verlag W. Girardet, Essen. Vortragsfolge des Instituts für Kunststoffverarbeitung Aachen 1954, S. 6/9 u. S. 14/18

(2) PEUKERT, H.   Thermoplastische Kunststoffe und ihre Verarbeitung. Sonderdruck [1]), S. 25/29

(3) KLEINE-ALBERS, A.   Verhalten harter thermoplastischer Kunststoffe bei spanloser Formgebung. Zeitschrift Kunststoffe, 45. Jahrgang 1955, Heft 7

(4) KREKELER, K. u. PEUKERT, H.   Kunststoff-Schweißgeräte. Zeitschrift Kunststoffe, 42. Jahrgang 1952, S. 117/122

(5) PISCHKE, H.   Schweißverfahren für thermoplastische Kunststoffe. Zeitschrift Schweißen und Schneiden, Jahrgang 5, 1953 S. 43/46

(6) DIN 16930   Schweißen von hartem Polyvinylchlorid (PVC hart), Richtlinien

(7) PEUKERT, H.   Die Schweißung, ein werkstoffgerechtes Verbindungsverfahren für thermoplastische Kunststoffe. Chem. Ztg. 79. Jahrg., 1955 S. 210/213

(8) SCHMITZ, W.   PVC-Hart (Polyvinylchlorid) der Kunststoff des Apparate- und Rohrleitungsbaues in schweißtechnischer Betrachtung. Industriekurier, Wochenausgabe Technik und Forschung, Nr. 159 (38) - 8. Jahrgang (1955) S. 421/24

FORSCHUNGSBERICHTE
DES WIRTSCHAFTS- UND VERKEHRSMINISTERIUMS
NORDRHEIN-WESTFALEN

Herausgegeben von Staatssekretär Prof. Leo Brandt

HEFT 1
Prof. Dr.-Ing. E. Flegler, Aachen
Untersuchungen oxydischer Ferromagnet-Werkstoffe
1952, 20 Seiten, DM 6,75

HEFT 2
Prof. Dr. W. Fuchs, Aachen
Untersuchungen über absatzfreie Teeröle
1952, 32 Seiten, 5 Abb., 6 Tabellen, DM 10,—

HEFT 3
Techn.-Wissenschaftl. Büro für die Bastfaserindustrie, Bielefeld
Untersuchungsarbeiten zur Verbesserung des Leinenwebstuhls
1952, 44 Seiten, 7 Abb., 3 Tabellen, DM 12,50

HEFT 4
Prof. Dr. E. A. Müller und Dipl.-Ing. H. Spitzer, Dortmund
Untersuchungen über die Hitzebelastung in Hüttebetrieben
1952, 28 Seiten, 5 Abb., 1 Tabelle, DM 9,—

HEFT 5
Dipl.-Ing. W. Fister, Aachen
Prüfstand der Turbinenuntersuchungen
1952, 40 Seiten, 30 Abb., 3 Schaltbilder, DM 1,—

HEFT 6
Prof. Dr. W. Fuchs, Aachen
Untersuchungen über die Zusammensetzung und Verwendbarkeit von Schwelteerfraktionen
1952, 36 Seiten, DM 10,50

HEFT 7
Prof. Dr. W. Fuchs, Aachen
Untersuchungen über emsländisches Petrolatum
1952, 36 Seiten, 1 Abb., 17 Tabellen, DM 10,50

HEFT 8
M. E. Meffert und H. Stratmann, Essen
Algen-Großkulturen im Sommer 1951
1953, 52 Seiten, 4 Abb., 20 Tabellen, DM 9,75

HEFT 9
Techn.-Wissenschaftl. Büro für die Bastfaserindustrie, Bielefeld
Untersuchungen über die zweckmäßige Wicklungsart von Leinengarnkreuzspulen unter Berücksichtigung der Anwendung hoher Geschwindigkeiten des Garnes
Vorversuche für Zetteln und Schären von Leinengarnen auf Hochleistungsmaschinen
1952, 48 Seiten, 7 Abb., 7 Tabellen, DM 9,25

HEFT 10
Prof. Dr. W. Vogel, Köln
„Das Streifenpaar" als neues System zur mechanischen Vergrößerung kleiner Verschiebungen und seine technischen Anwendungsmöglichkeiten
1953, 20 Seiten, 6 Abb., DM 4,50

HEFT 11
Laboratorium für Werkzeugmaschinen und Betriebslehre, Technische Hochschule Aachen
1. Untersuchungen über Metallbearbeitung im Fräsvorgang mit Hartmetallwerkzeugen und negativem Spanwinkel
2. Weiterentwicklung des Schleifverfahrens für die Herstellung von Präzisionswerkstücken unter Vermeidung hoher Temperaturen
3. Untersuchung von Oberflächenveredlungsverfahren zur Steigerung der Belastbarkeit hochbeanspruchter Bauteile
1953, 80 Seiten, 61 Abb., DM 15,75

HEFT 12
Elektrowärme-Institut, Langenberg (Rhld.)
Induktive Erwärmung mit Netzfrequenz
1952, 22 Seiten 6 Abb., DM 5,20

HEFT 13
Techn.-Wissenschaftl. Büro für die Bastfaserindustrie, Bielefeld
Das Naßspinnen von Bastfasergarnen mit chemischen Zusätzen zum Spinnbad
1953, 52 Seiten, 4 Abb., 19 Tabellen, DM 10,—

HEFT 14
Forschungsstelle für Acetylen, Dortmund
Untersuchungen über Aceton als Lösungsmittel für Acetylen
1952, 64 Seiten, 10 Abb., 26 Tabellen, DM 12,25

HEFT 15
Wäschereiforschung Krefeld
Trocknen von Wäschestoffen
1953, 48 Seiten, 14 Abb., 2 Tabellen, DM 9,—

HEFT 16
Max-Planck-Institut für Kohlenforschung, Mülheim a. d. Ruhr
Arbeiten des MPI für Kohlenforschung
1953, 104 Seiten, 9 Abb., DM 17,80

HEFT 17
Ingenieurbüro Herbert Stein, M.-Gladbach
Untersuchung der Verzugsvorgänge in den Streckwerken verschiedener Spinnereimaschinen. 1. Bericht: Vergleichende Prüfung mit verschiedenen Dickenmeßgeräten
1952, 36 Seiten, 15 Abb., DM 8,—

HEFT 18
Wäschereiforschung Krefeld
Grundlagen zur Erfassung der chemischen Schädigung beim Waschen
1953, 68 Seiten, 15 Abb., 15 Tabellen, DM 12,75

HEFT 19
Techn.-Wissenschaftl. Büro für die Bastfaserindustrie, Bielefeld
Die Auswirkung des Schlichtens von Leinengarnketten auf den Verarbeitungswirkungsgrad, sowie die Festigkeit und Dehnungsverhältnisse der Garne und Gewebe
1953, 48 Seiten, 1 Abb., 9 Tabellen, DM 9,—

HEFT 20
Techn.-Wissenschaftl. Büro für die Bastfaserindustrie, Bielefeld
Trocknung von Leinengarnen I
Vorgang und Einwirkung auf die Garnqualität
1953, 62 Seiten, 18 Abb., 5 Tabellen, DM 12,—

HEFT 21
Techn.-Wissenschaftl. Büro für die Bastfaserindustrie, Bielefeld
Trocknung von Leinengarnen II
Spulenanordnung und Luftführung beim Trocknen von Kreuzspulen
1953, 66 Seiten, 22 Abb., 9 Tabellen, DM 13,—

HEFT 22
Techn.-Wissenschaftl. Büro für die Bastfaserindustrie, Bielefeld
Die Reparaturanfälligkeit von Webstühlen
1953, 28 Seiten, 7 Abb., 5 Tabellen, DM 5,80

HEFT 23
Institut für Starkstromtechnik, Aachen
Rechnerische und experimentelle Untersuchungen zur Kenntnis der Metadyne als Umformer von konstanter Spannung auf konstanten Strom
1953, 52 Seiten, 20 Abb., 4 Tafeln, DM 9,75

HEFT 24
Institut für Starkstromtechnik, Aachen
Vergleich verschiedener Generator-Metadyne-Schaltungen in bezug auf statisches Verhalten
1952, 44 Seiten, 23 Abb., DM 8,50

HEFT 25
Gesellschaft für Kohlentechnik mbH., Dortmund-Eving
Struktur der Steinkohlen und Steinkohlen-Kokse
1953, 58 Seiten, DM 11,—

HEFT 26
Techn.-Wissenschaftl. Büro für die Bastfaserindustrie, Bielefeld
Vergleichende Untersuchungen zweier neuzeitlicher Ungleichmäßigkeitsprüfer für Bänder und Garne hinsichtlich ihrer Eignung für die Bastfaserspinnerei
1953, 64 Seiten, 30 Abb., DM 12,50

HEFT 27
Prof. Dr. E. Schratz, Münster
Untersuchungen zur Rentabilität des Arzneipflanzenanbaues Römische Kamille, Anthemis nobilis L.
1953, 16 Seiten, 1 Tabelle, DM 3,60

HEFT 28
Prof. Dr. E. Schratz, Münster
Calendula officinalis L. Studien zur Ernährung, Blütenfüllung und Rentabilität der Drogengewinnung
1953, 24 Seiten, 2 Abb., 3 Tabellen, DM 5,20

HEFT 29
Techn.-Wissenschaftl. Büro für die Bastfaserindustrie, Bielefeld
Die Ausnützung der Leinengarne in Geweben
1953, 100 Seiten, 14 Abb., 10 Tabellen, DM 17,80

HEFT 30
Gesellschaft für Kohlentechnik mbH., Dortmund-Eving
Kombinierte Entaschung und Verschwelung von Steinkohle; Aufarbeitung von Steinkohlenschlämmen zu verkokbarer oder verschwelbarer Kohle
1953, 56 Seiten, 16 Abb., 10 Tabellen, DM 10,50

HEFT 31
Dipl.-Ing. A. Stormanns, Essen
Messung des Leistungsbedarfs von Doppelsteg-Kettenförderern
1954, 54 Seiten, 18 Abb., 3 Anlagen, DM 11,—

HEFT 32
Techn.-Wissenschaftl. Büro für die Bastfaserindustrie, Bielefeld
Der Einfluß der Natriumchloridbleiche auf Qualität und Verwebbarkeit von Leinengarnen und die Eigenschaften der Leinengewebe unter besonderer Berücksichtigung des Einsatzes von Schützen- und Spulenwechselautomaten in der Leinenweberei
1953, 64 Seiten, 2 Abb., 12 Tabellen, DM 11,50

HEFT 33
Kohlenstoffbiologische Forschungsstation e. V.
Eine Methode zur Bestimmung von Schwefeldioxyd und Schwefelwasserstoff in Rauchgasen und in der Atmosphäre
1953, 32 Seiten, 8 Abb., 3 Tabellen, DM 6,50

HEFT 34
Textilforschungsanstalt Krefeld
Quellungs- und Entquellungsvorgänge bei Faserstoffen
1953, 52 Seiten, 13 Abb., 13 Tabellen, DM 9,80

WESTDEUTSCHER VERLAG · KÖLN UND OPLADEN

HEFT 35
Professor Dr. W. Kast, Krefeld
Feinstrukturuntersuchungen an künstlichen Zellulosefasern verschiedener Herstellungsverfahren.
Teil I: Der Orientierungszustand
1953, 74 Seiten, 30 Abb., 7 Tabellen, DM 13,80

HEFT 36
Forschungsinstitut der feuerfesten Industrie, Bonn
Untersuchungen über die Trocknung von Rohton
Untersuchungen über die chemische Reinigung von Silika- und Schamotte-Rohstoffen mit chlorhaltigen Gasen
1953, 60 Seiten, 5 Abb., 5 Tabellen, DM 11,—

HEFT 37
Forschungsinstitut der feuerfesten Industrie, Bonn
Untersuchungen über den Einfluß der Probenvorbereitung auf die Kaltdruckfestigkeit feuerfester Steine
1953, 40 Seiten, 2 Abb., 5 Tabellen, DM 7,80

HEFT 38
Forschungsstelle für Acetylen, Dortmund
Untersuchungen über die Trocknung von Acetylen zur Herstellung von Dissousgas
1953, 36 Seiten, 11 Abb., 3 Tabellen, DM 6,80

HEFT 39
Forschungsgesellschaft Blechverarbeitung e. V., Düsseldorf
Untersuchungen an prägegemusterten und vorgelochten Blechen
1953, 46 Seiten, 34 Abb., DM 9,50

HEFT 40
Landesgeologe Dr.-Ing. W. Wolff, Amt für Bodenforschung, Krefeld
Untersuchungen über die Anwendbarkeit geophysikalischer Verfahren zur Untersuchung von Spateisengängen im Siegerland
1953, 46 Seiten, 8 Abb., DM 8,80

HEFT 41
Techn.-Wissenschaftl. Büro für die Bastfaserindustrie, Bielefeld
Untersuchungsarbeiten zur Verbesserung des Leinenwebstuhles II
1953, 40 Seiten, 4 Abb., 5 Tabellen, DM 7,80

HEFT 42
Professor Dr. B. Helferich, Bonn
Untersuchungen über Wirkstoffe — Fermente — in der Kartoffel und die Möglichkeit ihrer Verwendung
1953, 58 Seiten, 9 Abb., DM 11,—

HEFT 43
Forschungsgesellschaft Blechverarbeitung e. V., Düsseldorf
Forschungsergebnisse über das Beizen von Blechen
1953, 48 Seiten, 38 Abb., 2 Tabellen, DM 11,30

HEFT 44
Arbeitsgemeinschaft für praktische Dehnungsmessung, Düsseldorf
Eigenschaften und Anwendungen von Dehnungsmeßstreifen
1953, 68 Seiten, 43 Abb., 2 Tabellen, DM 13,70

HEFT 45
Losenhausenwerk Düsseldorfer Maschinenbau AG., Düsseldorf
Untersuchungen von störenden Einflüssen auf die Lastgrenzenanzeige von Dauerschwingprüfmaschinen
1953, 36 Seiten, 11 Abb., 3 Tabellen, DM 7,25

HEFT 46
Prof. Dr. W. Fuchs, Aachen
Untersuchungen über die Aufbereitung von Wasser für die Dampferzeugung in Benson-Kesseln
1953, 58 Seiten, 18 Abb., 9 Tabellen, DM 11,20

HEFT 47
Prof. Dr.-Ing. K. Krekeler, Aachen
Versuche über die Anwendung der induktiven Erwärmung zum Sintern von hochschmelzenden Metallen sowie zur Anlegierung und Vergütung von aufgespritzten Metallschichten mit dem Grundwerkstoff
1954, 66 Seiten, 39 Abb., DM 13,90

HEFT 48
Max-Planck-Institut für Eisenforschung, Düsseldorf
Spektrochemische Analyse der Gefügebestandteile in Stählen nach ihrer Isolierung
1953, 38 Seiten, 8 Abb., 5 Tabellen, DM 7,80

HEFT 49
Max-Planck-Institut für Eisenforschung, Düsseldorf
Untersuchungen über Ablauf der Desoxydation und die Bildung von Einschlüssen in Stählen
1953, 52 Seiten, 19 Abb., 3 Tabellen, DM 12,40

HEFT 50
Max-Planck-Institut für Eisenforschung, Düsseldorf
Flammenspektralanalytische Untersuchung der Ferritzusammensetzung in Stählen
1953, 44 Seiten, 15 Abb., 4 Tabellen, DM 8,60

HEFT 51
Verein zur Förderung von Forschungs- und Entwicklungsarbeiten in der Werkzeugindustrie e. V., Remscheid
Untersuchungen an Kreissägeblättern für Holz, Fehler- und Spannungsprüfverfahren
1953, 50 Seiten, 23 Abb., DM 10,—

HEFT 52
Forschungsstelle für Acetylen, Dortmund
Untersuchungen über den Umsatz bei der explosiblen Zersetzung von Azetylen
a) Zersetzung von gasförmigem Azetylen
b) Zersetzung von an Silikagel adsorbiertem Azetylen
1954, 48 Seiten, 8 Abb., 10 Tabellen, DM 9,25

HEFT 53
Professor Dr.-Ing. H. Opitz, Aachen
Reibwert und Verschleißmessungen an Kunststoffgleitführungen für Werkzeugmaschinen
1954, 38 Seiten, 18 Abb., DM 8,20

HEFT 54
Professor Dr.-Ing. F. A. F. Schmidt, Aachen
Schaffung von Grundlagen für die Erhöhung der spez. Leistung und Herabsetzung des spez. Brennstoffverbrauches bei Ottomotoren mit Teilbericht über Arbeiten an einem neuen Einspritzverfahren
1954, 34 Seiten, 15 Abb., DM 7,40

HEFT 55
Forschungsgesellschaft Blechverarbeitung e. V. Düsseldorf
Chemisches Glänzen von Messing und Neusilber
1954, 50 Seiten, 21 Abb., 1 Tabelle, DM 10,20

HEFT 56
Forschungsgesellschaft Blechverarbeitung e. V., Düsseldorf
Untersuchungen über einige Probleme der Behandlung von Blechoberflächen
1954, 52 Seiten, 42 Abb., DM 11,20

HEFT 57
Prof. Dr.-Ing. F. A. F. Schmidt, Aachen
Untersuchungen zur Erforschung des Einflusses des chemischen Aufbaues des Kraftstoffes auf sein Verhalten im Motor und in Brennkammern von Gasturbinen
1954, 70 Seiten, 32 Abb., DM 14,60

HEFT 58
Gesellschaft für Kohlentechnik mbH., Dortmund
Herstellung und Untersuchung von Steinkohlenschwelteer
1954, 74 Seiten, 9 Abb., 9 Tabellen, DM 13,75

HEFT 59
Forschungsinstitut der Feuerfest-Industrie e. V., Bonn
Ein Schnellanalysenverfahren zur Bestimmung von Aluminiumoxyd, Eisenoxyd und Titanoxyd in feuerfestem Material mittels organischer Farbreagenzien auf photometrischem Wege
Untersuchungen des Alkali-Gehaltes feuerfester Stoffe mit dem Flammenphotometer nach Riehm-Lange
1954, 62 Seiten, 12 Abb., 3 Tabellen, DM 11,60

HEFT 60
Forschungsgesellschaft Blechverarbeitung e. V., Düsseldorf
Untersuchungen über das Spritzlackieren im elektrostatischen Hochspannungsfeld
1954, 82 Seiten, 53 Abb., 7 Tabellen, DM 17,—

HEFT 61
Verein zur Förderung von Forschungs- und Entwicklungsarbeiten in der Werkzeugindustrie e. V., Remscheid
Schwingungs- und Arbeitsverhalten von Kreissägeblättern für Holz
1954, 54 Seiten, 31 Abb., DM 11,40

HEFT 62
Professor Dr. W. Franz, Institut für theoretische Physik der Universität Münster
Berechnung des elektrischen Durchschlags durch feste und flüssige Isolatoren
1954, 36 Seiten, DM 7,—

HEFT 63
Textilforschungsanstalt Krefeld
Neue Methoden zur Untersuchung der Wirkungsweise von Textilhilfsmitteln
Untersuchungen über Schlichtungs- und Entschlichtungsvorgänge
1954, 34 Seiten, 1 Abb., 5 Tabellen, DM 6,80

HEFT 64
Textilforschungsanstalt Krefeld
Die Kettenlängenverteilung von hochpolymeren Faserstoffen
Über die fraktionierte Fällung von Polyamiden
1954, 44 Seiten, 13 Abb., DM 8,60

HEFT 65
Fachverband Schneidwarenindustrie, Solingen
Untersuchungen über das elektrolytische Polieren von Tafelmesserklingen aus rostfreiem Stahl
1954, 90 Seiten, 38 Abb., 9 Tabellen, DM 17,35

HEFT 66
Dr.-Ing. P. Füsgen VDI †, Düsseldorf
Untersuchungen über das Auftreten des Ratterns bei selbsthemmenden Schneckengetrieben und seine Verhütung
1954, 32 Seiten, 5 Abb., DM 6,60

HEFT 67
Heinrich Wösthoff o. H. G., Apparatebau, Bochum
Entwicklung einer chemisch-physikalischen Apparatur zur Bestimmung kleinster Kohlenoxyd-Konzentrationen
1954, 94 Seiten, 48 Abb., 2 Tabellen, DM 18,25

HEFT 68
Kohlenstoffbiologische Forschungsstation e. V., Essen
Algengroßkulturen im Sommer 1952
II. Über die unsterile Großkultur von Scenedesmus obliquus
1954, 62 Seiten, 3 Abb., 29 Tabellen, DM 11,40

HEFT 69
Wäschereiforschung Krefeld
Bestimmung des Faserabbaues bei Leinen unter besonderer Berücksichtigung der Leinengarnbleiche
1954, 48 Seiten, 15 Abb., 3 Tabellen, DM 9,60

HEFT 70
Wäschereiforschung Krefeld
Trocknen von Wäschestoffen
1954, 52 Seiten, 18 Abb., 3 Tabellen, DM 10,—

HEFT 71
Prof. Dr.-Ing. K. Leist, Aachen
Kleingasturbinen, insbesondere zum Fahrzeugantrieb
1954, 114 Seiten, 85 Abb., DM 22,—

HEFT 72
Prof. Dr.-Ing. K. Leist, Aachen
Beitrag zur Untersuchung von stehenden geraden Turbinengittern mit Hilfe von Druckverteilungsmessungen
1954, 152 Seiten, 111 Abb., DM 36,20

HEFT 73
Prof. Dr.-Ing. K. Leist, Aachen
Spannungsoptische Untersuchungen von Turbinenschaufelfüßen
1954, 66 Seiten, 46 Abb., 2 Tabellen, DM 14,60

HEFT 74
Max-Planck-Institut für Eisenforschung, Düsseldorf
Versuche zur Klärung des Umwandlungsverhaltens eines sonderkarbidbildenden Chromstahls
1954, 58 Seiten, 10 Abb., DM 14,—

HEFT 75
Max-Planck-Institut für Eisenforschung, Düsseldorf
Zeit-Temperatur-Umwandlungs-Schaubilder als Grundlage der Wärmebehandlung der Stähle
1954, 44 Seiten, 13 Abb., DM 8,70

HEFT 76
Max-Planck-Institut für Arbeitsphysiologie, Dortmund
Arbeitstechnische und arbeitsphysiologische Rationalisierung von Mauersteinen
1954, 52 Seiten, 12 Abb., 3 Tabellen, DM 10,20

HEFT 77
Meteor Apparatebau Paul Schmeck GmbH., Siegen
Entwicklung von Leuchtstoffröhren hoher Leistung
1954, 46 Seiten, 12 Abb., 2 Tabellen, DM 9,15

HEFT 78
Forschungsstelle für Acetylen, Dortmund
Über die Zustandsgleichung des gasförmigen Acetylens und das Gleichgewicht Acetylen — Aceton
1954, 42 Seiten, 3 Abb., 8 Tabellen, DM 8,—

HEFT 79
Techn.-Wissenschaftl. Büro für die Bastfaserindustrie, Bielefeld
Trocknung von Leinengarnen III
Spinnspulen- und Spinnkopstrocknung
Vorgang und Einwirkung auf die Garnqualität
1954, 74 Seiten, 18 Abb., 10 Tabellen, DM 14,—

WESTDEUTSCHER VERLAG · KÖLN UND OPLADEN

HEFT 80
Techn.-Wissenschaftl. Büro für die Bastfaserindustrie, Bielefeld
Die Verarbeitung von Leinengarn auf Webstühlen mit und ohne Oberbau
1954, 30 Seiten, 2 Abb., 2 Tabellen, DM 6,—

HEFT 81
Prüf- und Forschungsinstitut für Ziegeleierzeugnisse, Essen-Kray
Die Einführung des großformatigen Einheits-Gitterziegels im Lande Nordrhein-Westfalen
1954, 54 Seiten, 2 Abb., 2 Tabellen, DM 10,—

HEFT 82
Vereinigte Aluminium-Werke AG., Bonn
Forschungsarbeiten auf dem Gebiet der Veredelung von Aluminium-Oberflächen
1954, 46 Seiten, 34 Abb., DM 9,60

HEFT 83
Prof. Dr. S. Strugger, Münster
Über die Struktur der Proplastiden
1954, 30 Seiten, 15 Abb., DM 8,40

HEFT 84
Dr. H. Baron, Düsseldorf
Über Standardisierung von Wundtextilien
1954, 32 Seiten, DM 6,40

HEFT 85
Textilforschungsanstalt Krefeld
Physikalische Untersuchungen an Fasern, Fäden, Garnen und Geweben:
Untersuchungen am Knickscheuergerät nach Weltzien
1954, 40 Seiten, 11 Abb., 8 Tabellen, DM 10,—

HEFT 86
Prof. Dr.-Ing. H. Opitz, Aachen
Untersuchungen über das Fräsen von Baustahl sowie über den Einfluß des Gefüges auf die Zerspanbarkeit
1954, 108 Seiten, 73 Abb., 7 Tabellen, DM 22,—

HEFT 87
Gemeinschaftsausschuß Verzinken, Düsseldorf
Untersuchungen über Güte von Verzinkungen
1954, 68 Seiten, 56 Abb., 3 Tabellen, DM 15,30

HEFT 88
Gesellschaft für Kohlentechnik mbH., Dortmund-Eving
Oxydation von Steinkohle mit Salpetersäure
1954, 62 Seiten, 2 Abb., 1 Tabelle, DM 11,50

HEFT 89
Verein Deutscher Ingenieure, Gleitlagerforschung, Düsseldorf
und Prof. Dr.-Ing. G. Vogelpohl, Göttingen
Versuche mit Preßstoff-Lagern für Walzwerke
1954, 70 Seiten, 34 Abb., DM 14,10

HEFT 90
Forschungs-Institut der Feuerfest-Industrie, Bonn
Das Verhalten von Silikasteinen im Siemens-Martin-Ofengewölbe
1954, 62 Seiten, 15 Abb., 11 Tabellen, DM 11,90

HEFT 91
Forschungs-Institut der Feuerfest-Industrie, Bonn
Untersuchungen des Zusammenhangs zwischen Leistung und Kohlenverbrauch von Kammeröfen zum Brennen von feuerfesten Materialien
1954, 42 Seiten, 6 Abb., DM 8,30

HEFT 92
Techn.-Wissenschaftl. Büro für die Bastfaserindustrie, Bielefeld
und Laboratorium für textile Meßtechnik, M.-Gladbach
Messungen von Vorgängen am Webstuhl
1954, 76 Seiten, 45 Abb., DM 15,50

HEFT 93
Prof. Dr. W. Kast, Krefeld
Spinnversuche zur Strukturerfassung künstlicher Zellulosefasern
1954, 82 Seiten, 39 Abb., 6 Tabellen, DM 16,—

HEFT 94
Prof. Dr. G. Winter, Bonn
Die Heilpflanzen des MATTHIOLUS (1611) gegen Infektionen der Harnwege und Verunreinigung der Wunden bzw. zur Förderung der Wundheilung im Lichte der Antibiotikaforschung
1954, 58 Seiten, 1 Abb., 2 Tabellen, DM 11,50

HEFT 95
Prof. Dr. G. Winter, Bonn
Untersuchungen über die flüchtigen Antibiotika aus der Kapuziner- (Tropaeolum maius) und Gartenkresse (Lepidium sativum) und ihr Verhalten im menschlichen Körper bei Aufnahme von Kapuziner- bzw. Gartenkressensalat per os
1955, 74 Seiten, 9 Abb., 25 Tabellen, DM 14,—

HEFT 96
Dr.-Ing. P. Koch, Dortmund
Austritt von Exoelektronen aus Metalloberflächen unter Berücksichtigung der Verwendung des Effektes für die Materialprüfung
1954, 34 Seiten, 13 Abb., DM 7,—

HEFT 97
Ing. H. Stein, Laboratorium für textile Meßtechnik, M.-Gladbach
Untersuchung der Verzugsvorgänge an den Streckwerken verschiedener Spinnereimaschinen
2. Bericht: Ermittlung der Haft-Gleiteigenschaften von Faserbändern und Vorgarnen
1955, 98 Seiten, 54 Abb., DM 21,—

HEFT 98
Fachverband Gesenkschmieden, Hagen
Die Arbeitsgenauigkeit beim Gesenkschmieden unter Hämmern
1955, 132 Seiten, 55 Abb., 9 Tabellen, DM 24,75

HEFT 99
Prof. Dr.-Ing. G. Garbotz, Aachen
Der Kraft- und Arbeitsaufwand sowie die Leistungen beim Biegen von Bewehrungsstählen in Abhängigkeit von den Abmessungen, den Formen und der Güte der Stähle (Ermittlung von Leistungsrichtlinien)
1955, 136 Seiten, 53 Abb., 3 Anlagen, 18 Tabellen, DM 30,—

HEFT 100
Prof. Dr.-Ing. H. Opitz, Aachen
Untersuchungen von elektrischen Antrieben, Steuerungen und Regelungen an Werkzeugmaschinen
1955, 166 Seiten, 71 Abb., 3 Tabellen, DM 31,30

HEFT 101
Prof. Dr.-Ing. H. Opitz, Aachen
Wirtschaftlichkeitsbetrachtungen beim Außenrundschleifen
1955, 100 Seiten, 56 Abb., 3 Tabellen, DM 19,30

HEFT 102
Dr. P. Hölemann, Ing. R. Hasselmann und Ing. G. Dix, Dortmund
Untersuchungen über die thermische Zündung von explosiblen Acetylenzersetzungen in Kapillaren
1954, 44 Seiten, 5 Abb., 4 Tabellen, DM 8,60

HEFT 103
Prof. Dr. W. Weizel, Bonn
Durchführung von experimentellen Untersuchungen über den zeitlichen Ablauf von Funken in komprimierten Edelgasen sowie zu deren mathematischen Berechnung
1955, 46 Seiten, 12 Abb., DM 9,10

HEFT 104
Prof. Dr. W. Weizel, Bonn
Über den Einfluß der Elektroden auf die Eigenschaften von Cadmium-Sulfid-Widerstands-Photozellen
1955, 48 Seiten, 12 Abb., DM 9,45

HEFT 105
Dr.-Ing. R. Meldau, Harsewinkel/Westf.
Auswertung von Gekörn — Analysen des Musterstaubes „Flugasche Fortuna I"
1955, 42 Seiten, 14 Abb., DM 8,50

HEFT 106
ORR. Dr.-Ing. W. Küch, Dortmund
Untersuchungen über die Einwirkung von feuchtigkeitsgesättigter Luft auf die Festigkeit von Leimverbindungen
1954, 60 Seiten, 10 Abb., 6 Tabellen, DM 11,40

HEFT 107
Prof. Dr. H. Lange und Dipl.-Phys. P. St. Pütter, Köln
Über die Konstruktion von Laboratoriumsmagneten
1955, 66 Seiten, 19 Abb., 1 Tabelle, DM 12,30

HEFT 108
Prof. Dr. W. Fuchs, Aachen
Untersuchungen über neue Beizmethoden und Beizabwässer
I. Die Entzunderung von Drähten mit Natriumhydrid
II. Die Aufbereitung von Beizabwässern
1955, 82 Seiten, 15 Abb., 14 Tabellen, 1 Falttafel, DM 15,25

HEFT 109
Dr. P. Hölemann und Ing. R. Hasselmann, Dortmund
Untersuchungen über die Löslichkeit von Azetylen in verschiedenen organischen Lösungsmitteln
1954, 42 Seiten, 10 Abb., 8 Tabellen, DM 8,30

HEFT 110
Dr. P. Hölemann und Ing. R. Hasselmann, Dortmund
Untersuchungen über den Druckverlauf bei der explosiblen Zersetzung von gasförmigem Azetylen
1955, 54 Seiten, 10 Abb., 5 Tabellen, DM 11,—

HEFT 111
Fachverband Steinzeugindustrie, Köln
Die Entwicklung eines Gerätes zur Beschickung seitlicher Feuer von Steinzeug-Einzelkammeröfen mit festen Brennstoffen
1955, 46 Seiten, 16 Abb., DM 9,40

HEFT 112
Prof. Dr.-Ing. H. Opitz, Aachen
Verschleißmessungen beim Drehen mit aktivierten Hartmetallwerkzeugen
1954, 44 Seiten, 17 Abb., 6 Tabellen, DM 8,80

HEFT 113
Prof. Dr. O. Graf, Dortmund
Erforschung der geistigen Ermüdung und nervösen Belastung: Studien über die vegetative 24-Stunden-Rhythmik in Ruhe und unter Belastung
1955, 40 Seiten, 12 Abb., DM 8,20

HEFT 114
Prof. Dr. O. Graf, Dortmund
Studien über Fließarbeitsprobleme an einer praxisnahen Experimentieranlage
1954, 34 Seiten, 6 Abb., DM 7,—

HEFT 115
Prof. Dr. O. Graf, Dortmund
Studium über Arbeitspausen in Betrieben bei freier und zeitgebundener Arbeit (Fließarbeit) und ihre Auswirkung auf die Leistungsfähigkeit
1955, 50 Seiten, 13 Abb., 2 Tabellen, DM 9,80

HEFT 116
Prof. Dr.-Ing. E. Siebel und Dr.-Ing. H. Weiss, Stuttgart
Untersuchungen an einigen Problemen des Tiefziehens — I. Teil
1955, 74 Seiten, 50 Abb., 5 Tabellen, DM 14,50

HEFT 117
Dr.-Ing. H. Beißwänger, Stuttgart, und Dr.-Ing. S. Schwandt, Trier
Untersuchungen an einigen Problemen des Tiefziehens — II. Teil
1955, 92 Seiten, 34 Abb., 8 Tabellen, DM 17,70

HEFT 118
Prof. Dr. E. A. Müller und Dr. H. G. Wenzel, Dortmund
Neuartige Klima-Anlage zur Erzeugung ungleicher Luft- und Strahlungstemperaturen in einem Versuchsraum
1955, 68 Seiten, 10 z. T. mehrfarb. Abb., DM 14,—

HEFT 119
Dr.-Ing. O. Viertel, Krefeld
Wäscherei- und energietechnische Untersuchung einer Gemeinschafts-Waschanlage
1955, 50 Seiten, 18 Abb., DM 10,20

HEFT 120
Dipl.-Ing. A. Weisbecker, Lüdenscheid
Über Anfressung an Reinstaluminium-Schweißnähten bei der elektrolytischen Oxydation
Gebr. Hörstermann GmbH., Velbert
Entwicklung und Erprobung eines neuartigen Gummibandförderers
1955, 46 Seiten, 18 Abb., DM 9,70

HEFT 121
Dr. H. Krebs, Bonn
I. Die Struktur und die Eigenschaften der Halbmetalle
II. Die Bestimmung der Atomverteilung in amorphen Substanzen
III. Die chemische Bindung in anorganischen Festkörpern und das Entstehen metallischer Eigenschaften
1955, 124 Seiten, 36 Abb., 13 Tabellen, DM 22,90

HEFT 122
Prof. Dr. W. Fuchs, Aachen
Untersuchungen zur Verbesserung der Wasseraufbereitung und Wasseranalyse:
Über die Schnellbewertung von Ionenaustauscher
1955, 62 Seiten, 32 Abb., DM 12,30

HEFT 123
Dipl.-Ing. J. Emondts, Aachen
Über Bodenverformungen bei stark gestörtem und mächtigem, wasserführendem Deckgebirge im Aachener Steinkohlengebiet
1955, 196 Seiten, 37 Abb., 10 Tabellen, DM 28,80

HEFT 124
Prof. Dr. R. Seyffert, Köln
Wege und Kosten der Distribution der Hausratwaren im Lande Nordrhein-Westfalen
1955, 74 Seiten, 25 Tabellen, DM 9,—

WESTDEUTSCHER VERLAG · KÖLN UND OPLADEN

HEFT 125
Prof. Dr. E. Kappler, Münster
Eine neue Methode zur Bestimmung von Kondensations-Koeffizienten von Wasser
1955, 46 Seiten, 11 Abb., 1 Tabelle, DM 9,10

HEFT 126
Prof. Dr.-Ing. J. Mathieu, Aachen
Arbeitszeitvergleich
Grundlagen, Methodik und praktische Durchführung
1955, 70 Seiten, DM 13,—

HEFT 127
Güteschutz Betonstein e. V.,
Arbeitskreis Nordrhein-Westfalen, Dortmund
Die Betonwaren-Gütesicherung im Lande Nordrhein-Westfalen
1955, 58 Seiten, 15 Abb., 3 Tabellen, DM 11,50

HEFT 128
Prof. Dr. O. Schmitz-DuMont, Bonn
Untersuchungen über Reaktionen in flüssigem Ammoniak
1955, 96 Seiten, 11 Abb., 6 Tabellen, DM 17,75

HEFT 129
Prof. Dr.-Ing. J. Mathieu und Dr. C. A. Roos, Aachen
Die Anlernung von Industriearbeitern
I. Ergebnisse einer grundsätzlichen Untersuchung der gegenwärtigen Industriearbeiter-Kurzanlernung
1955, 106 Seiten, DM 19,70

HEFT 130
Prof. Dr.-Ing. J. Mathieu und Dr. C. A. Roos, Aachen
Die Anlernung von Industriearbeitern
II. Beiträge zur Methodenfrage der Kurzanlernung
1955, 108 Seiten, DM 19,90

HEFT 131
Dr. W. Hoerburger, Köln
Versuche zur Biosynthese von Eiweiß aus Kohlenwasserstoff
1955, 34 Seiten, 2 Abb., DM 6,90

HEFT 132
Prof. Dr. W. Seith, Münster
Über Diffusionserscheinungen in festen Metallen
1955, 42 Seiten, 19 Abb., 4 Tabellen, DM 9,10

HEFT 133
Prof. Dr. E. Jenckel, Aachen
Über einen für Schwermetalle selektiven Ionenaustauscher
1955; 48 Seiten, 8 Abb., 13 Tabellen, DM 9,50

HEFT 134
Prof. Dr.-Ing. H. Winterhager, Aachen
Über die elektrochemischen Grundlagen der Schmelzfluß-Elektrolyse von Bleisulfid in geschmolzenen Mischungen mit Bleichlorid
1955, 54 Seiten, 20 Abb., 5 Tabellen, DM 11,80

HEFT 135
Prof. Dr.-Ing. K. Krekeler und Dr.-Ing. H. Peukert, Aachen
Die Änderung der mechanischen Eigenschaften thermoplastischer Kunststoffe durch Warmrecken
1955, 54 Seiten, 27 Abb., DM 11,10

HEFT 136
Dipl.-Phys. P. Pilz, Remscheid
Über spezielle Probleme der Zerkleinerungstechnik von Weichstoffen
1955, 58 Seiten, 19 Abb., 2 Tabellen, DM 11,50

HEFT 137
Prof. Dr. W. Baumeister, Münster
Beiträge zur Mineralstoffernährung der Pflanzen
1955, 64 Seiten, 6 Tabellen, DM 11,80

HEFT 138
Dr. P. Hölemann und Ing. R. Hasselmann, Dortmund
Untersuchungen über die Zersetzungswärme von gasförmigem und in Azeton gelöstem Azetylen
1955, 54 Seiten, 8 Abb., 7 Tabellen, DM 10,40

HEFT 139
Prof. Dr. W. Fuchs, Aachen
Studien über die thermische Zersetzung der Kohle und die Kohlendestillatprodukte
1955, 64 Seiten, 20 Abb., 22 Tabellen, DM 11,80

HEFT 140
Dr.-Ing. G. Hausberg, Essen
Modellversuche an Zyklonen
1955, 78 Seiten, 24 Abb., DM 15,70

HEFT 141
Dr. J. van Calker und Dr. R. Wienecke, Münster
Untersuchungen über den Einfluß dritter Analysenpartner auf die spektrochemische Analyse
1955, 42 Seiten, 15 Abb., DM 9,10

HEFT 142
Dipl.-Ing. G. M. F. Wiebel, Hannover, A. Konermann und A. Ottenheym, Sennelager
Entwicklung eines Kalksandleichtsteines
1955, 38 Seiten, 4 Abb., DM 8,—

HEFT 143
Prof. Dr. F. Wever, Dr. A. Rose und Dipl.-Ing. W. Straßburg, Düsseldorf
Härtbarkeit und Umwandlungsverhalten der Stähle
1955, 50 Seiten, 12 Abb., 3 Tabellen, DM 10,70

HEFT 144
Prof. Dr. H. Wurmbach, Bonn
Steuerung von Wachstum und Formbildung
1955, 48 Seiten, 19 Abb., DM 10,30

HEFT 145
Dr. G. Hennemann, Werdohl (Westf.)
Beitrag zur Interpretation der modernen Atomphysik
1955, 34 Seiten, DM 10,—

HEFT 146
Dr.-Ing. F. Gruß, Düsseldorf
Sterilisation mit Heißluft
1955, 34 Seiten, 10 Abb., DM 7,70

HEFT 147
Dr.-Ing. W. Rudisch, Unna
Untersuchung einer drehelastischen Elektromagnet-Synchronkupplung
1955, 82 Seiten, 65 Abb., DM 17,70

HEFT 148
Prof. Dr. H. Bittel u. Dipl.-Phys. L. Storm, Münster
Untersuchungen über Widerstandsrauschen
1955, 40 Seiten, 5 Abb., DM 8,40

HEFT 149
Dipl.-Ing. K. Konopicky und Dipl.-Chem.
P. Kampa, Bonn
I. Beitrag zur flammenphotometrischen Bestimmung des Calciums.
Dr.-Ing. K. Konopicky, Bonn
II. Die Wanderung von Schlackenbestandteilen in feuerfesten Baustoffen
1955, 54 Seiten, 10 Abb., 5 Tabellen, DM 11,—

HEFT 150
Prof. Dr.-Ing. O. Kienzle und Dipl.-Ing. W. Timmerbeil, Hannover
Das Durchziehen enger Kragen an ebenen Fein- und Mittelblechen
1955, 52 Seiten, 20 Abb., 8 Tabellen, DM 11,30

HEFT 151
Dipl.-Ing. P. Karabasch, Aachen
Feststellung des optimalen Gasgehaltes von Bronzen zur Erzielung druckdichter Gußstücke
1956, 64 Seiten, 31 Abb., 5 Tabellen, DM 13,90

HEFT 152
Dipl.-Ing. G. Müller, Köln
Ermittlung der Laufeigenschaften (Vergießbarkeit) von Bronze und Rotguß mittels der Schneider-Gießspirale
1955, 60 Seiten, 33 Abb., DM 13,30

HEFT 153
Prof. Dr. F. Wever, Dr.-Ing. W. A. Fischer und Dipl.-Ing. J. Engelbrecht, Düsseldorf
I. Die Reduktion sauerstoffhaltiger Eisenschmelzen im Hochvakuum mit Wasserstoff und Kohlenstoff
II. Einfluß geringer Sauerstoffgehalte auf das Gefüge und Alterungsverhalten von Reineisen
1955, 54 Seiten, 15 Abb., 2 Tabellen, DM 12,40

HEFT 154
Prof. Dr.-Ing. P. Bardenheuer und Dr.-Ing. W. A. Fischer, Düsseldorf
Die Verschlackung von Titan aus Stahlschmelzen im sauren und basischen Hochfrequenzofen unter verschiedenen Schlacken
1955, 36 Seiten, 10 Abb., 1 Tabelle, DM 7,95

HEFT 155
Dipl.-Phys. K. H. Schirmer, München
Die auf Grau abgestimmte Farbwiedergabe im Dreifarbenbuchdruck
1955, 46 Seiten, 17 Abb., 2 Farbtafeln, DM 10,—

HEFT 156
Prof. Dr.-Ing. B. von Borries und Mitarbeiter, Düsseldorf
Die Entwicklung regelbarer permanentmagnetischer Elektronenlinsen hoher Brechkraft und eines mit ihnen ausgerüsteten Elektronenmikroskopes neuer Bauart
1956, 102 Seiten, 52 Abb., DM 22,55

HEFT 157
Dr. W. Jawtusch, Dr. G. Schuster und
Prof. Dr.-Ing. R. Jaeckel, Bonn
Untersuchungen über die Stoßvorgänge zwischen neutralen Atomen und Molekülen
1955, 48 Seiten, 15 Abb., 3 Tabellen, DM 10,50

HEFT 158
Dipl.-Ing. W. Rosenkranz, Meinerzhagen
Ein Beitrag zum Problem der Spannungskorrosion bei Preßprofilen und Preßteilen aus Aluminium-Legierungen
1956, 112 Seiten, 61 Abb., 5 Tabellen, DM 27,40

HEFT 159
Dr.-Ing. O. Viertel und O. Oldenroth, Krefeld
Das Bleichen von Weißwäsche mit Wasserstoffsuperoxyd bzw. Natriumhypochlorit beim maschinellen Waschen
1955, 54 Seiten, 23 Abb., 2 Tabellen, DM 11,45

HEFT 160
Prof. Dr. W. Klemm, Münster
Über neue Sauerstoff- und Fluor-haltige Komplexe
1955, 50 Seiten, 13 Abb., 7 Tabellen, DM 10,80

HEFT 161
Prof. Dr. W. Weltzien und Dr. G. Hauschild, Krefeld
Über Silikone und ihre Anwendung in der Textilveredlung
1955, 162 Seiten, 22 Abb., 10 Tabellen, DM 27,—

HEFT 162
Prof. Dr. F. Wever, Prof. Dr. A. Kochendörfer und Dr.-Ing. Chr. Rohrbach, Düsseldorf
Kennzeichnung der Sprödbruchneigung von Stählen durch Messung der Fließspannung, Reißspannung und Brucheinschnürung an dreiachsig beanspruchten Proben
1955, 58 Seiten, 26 Abb., DM 13,—

HEFT 163
Dipl.-Ing. W. Rohs und Text.-Ing. H. Griese, Bielefeld
Untersuchungsarbeiten zur Verbesserung des Leinenwebstuhls III
1955, 80 Seiten, 15 Abb., 18 Tabellen, DM 15,80

HEFT 164
Dr.-Ing. H. Schmachtenberg, Köln
Neuartige Prüfeinrichtungen für Kraftfahrzeuge
1955, 44 Seiten, 23 Abb., DM 9,60

HEFT 165
Dr.-Ing. W. Wilhelm, Aachen
Instationäre Gasströmung im Auspuffsystem eines Zweitaktmotors
1955, 62 Seiten, 31 Abb., 8 Tabellen, DM 13,60

HEFT 166
Prof. Dr. M. v. Stackelberg, Dr. H. Heindze,
Dr. H. Hübschke und Dr. K. H. Frangen, Bonn
Kolloidchemische Untersuchungen
1955, 106 Seiten, 8 Abb., 13 Tabellen, DM 21,25

HEFT 167
Prof. Dr.-Ing. F. Schuster, Essen
I. Über die Heißkarburierung von Brenngasen mit Ölen und Teeren
II. Die Strahlungsvorgänge in brennstoffbeheizten Öfen bei verschiedenen Verbrennungsatmosphären
1955, 38 Seiten, 8 Abb., DM 8,30

HEFT 168
Prof. Dr.-Ing. F. Schuster, Essen
I. Luftvorwärmung an Gasfeuerungen
II. Heizwerthöhe von Brenngasen und Wirkungsgrad sowie Gasverbrauch bei der Gasverwendung
III. Sauerstoffangereicherte Luft und feuerungstechnische Kenngrößen von Brenngasen
1955, 60 Seiten, 18 Abb., DM 12,50

HEFT 169
Forschungsinstitut für Pigmente und Lacke, Stuttgart
Arbeiten über die Bestimmung des Gebrauchswertes von Lackfilmen durch physikalische Prüfungen
1955, 70 Seiten, 23 Abb., 4 Tabellen, DM 15,—

HEFT 170
Prof. Dr. F. Wever, Dr. A. Rose und
Dipl.-Ing. L. Rademacher, Düsseldorf
Anwendung der Umwandlungsschaubilder auf Fragen der Werkstoffauswahl beim Schweißen und Flammhärten
1955, 64 Seiten, 25 Abb., DM 13,70

WESTDEUTSCHER VERLAG · KÖLN UND OPLADEN

HEFT 171
Wäschereiforschung Krefeld
Untersuchung der Wäscheentwässerung mit Hilfe von Zentrifugen und Pressen
1955, 42 Seiten, 16 Abb., 4 Tabellen, DM 9,70

HEFT 172
Dipl.-Ing. W. Rohs, Dr.-Ing. G. Satlow und Text.-Ing. G. Heller, Bielefeld
Trocknung von Hanfgarnen. Kreuzspultrocknung
1955, 60 Seiten, 7 Abb., 4 Tabellen, DM 10,30

HEFT 173
Prof. Dr. R. Hosemann und Dipl.-Phys. G. Schoknecht, Berlin, vorgelegt von Prof. Dr. W. Kast, Krefeld
Lichtoptische Herstellung und Diskussion der Faltungsquadrate parakristalliner Gitter
1956, 108 Seiten, 63 Abb., 6 Tabellen, DM 24,70

HEFT 174
Prof. Dr. W. von Fragstein, Dr. J. Meingast und H. Hoch, Köln
Herstellung von Solen einheitlicher Teilchengröße und Ermittlung ihrer optischen Eigenschaften
1955, 78 Seiten, 80 Abb., 4 Tabellen, DM 18,25

HEFT 175
Dr.-Ing. H. Zeller, Aachen
Beitrag zur eindimensionalen stationären und nichtstationären Gasströmung mit Reibung und Wärmeleitung insbesondere in Rohren mit unstetigen Querschnittsänderungen
1956, 138 Seiten, 56 Abb., DM 29,30

HEFT 176
Dipl.-Ing. H. Schöberl, Duisburg
Über die Methoden zur Ermittlung der Verbrennungstemperatur von Brennstoffen und ein Vorschlag zu ihrer Verbesserung
1955, 30 Seiten, 3 Abb., DM 6,50

HEFT 177
Dipl.-Ing. H. Stüdemann, Solingen, und Dr.-Ing. W. Müchler, Essen
Entwicklung eines Verfahrens zur zahlenmäßigen Bestimmung der Schneideigenschaften von Messerklingen
1956, 104 Seiten, 68 Abb., 4 Tabellen, DM 22,20

HEFT 178
Prof. Dr. M. von Stackelberg u. Dr. W. Hans, Bonn
Untersuchungen zur Ausarbeitung und Verbesserung von polarographischen Analysenmethoden
1955, 46 Seiten, 14 Abb., DM 10,50

HEFT 179
Dipl.-Ing. H. F. Reineke, Bochum
Entwicklungsarbeiten auf dem Gebiete der Meß- und Regeltechnik
1955, 46 Seiten, 10 Abb., DM 10,—

HEFT 180
Dr.-Ing. W. Piepenburg, Dipl.-Ing. B. Bühling und Bauing. J. Behnke, Köln
Putzarbeiten im Hochbau und Versuche mit aktiviertem Mörtel und mechanischem Mörtelauftrag
1955, 116 Seiten, 31 Abb., 68 Tabellen, DM 23,—

HEFT 181
Prof. Dr. W. Franz, Münster
Theorie der elektrischen Leitvorgänge in Halbleitern und isolierenden Festkörpern bei hohen elektrischen Feldern
1955, 28 Seiten, 2 Abb., 1 Tabelle, DM 6,20

HEFT 182
Dr.-Ing. P. Schenk u. Dr. K. Osterloh, Düsseldorf
Katalytisch-thermische Spaltung von gasförmigen und flüssigen Kohlenwasserstoffen zur Spitzengaserzeugung
1955, 50 Seiten, 11 Abb., 11 Tabellen, DM 10,90

HEFT 183
Dr. W. Bornheim, Köln
Entwicklungsarbeiten an Flaschen- und Ampullen-Behandlungsmaschinen für die pharmazeutische Industrie
1956, 48 Seiten, 24 Abb., DM 11,70

HEFT 184
Dr.-Ing. E. Printz, Kettwig
Vollhydraulische Parallel-Kupplung für Ackerschlepper
1955, 32 Seiten, 4 Abb., DM 7,80

HEFT 185
Dipl.-Ing. W. Rohs und Text.-Ing. G. Heller, Bielefeld
Studien an einem neuzeitlichen Kreuzspultrockner für Bastfasergarne mit Wiederbefeuchtungszone
1955, 52 Seiten, 9 Abb., 3 Tabellen, DM 10,70

HEFT 186
Dr. E. Wedekind, Krefeld
Untersuchungen zur Arbeitsbestgestaltung bei der Fertigstellung von Oberhemden in gewerblichen Wäschereien
1955, 124 Seiten, 28 Abb., 6 Tabellen, 2 Falttaf., DM 12,—

HEFT 187
Dipl.-Ing. F. Göttgens, Essen
Über die Eigenarten der Bimetall-, Thermo- und Flammenionisationssicherungsmethode in ihrer Anwendung auf Zündsicherungen
1955, 40 Seiten, 6 Abb., 4 Tabellen, DM 8,40

HEFT 188
W. Kinnebrock, Langenberg (Rhld.)
Der Einfluß des Austausches gleicher Gaskochbrenner bzw. Gaskochbrennerteile auf den Wirkungsgrad und insbesondere auf den CO-Gehalt der Verbrennungsgase
1955, 42 Seiten, 7 Tabellen, DM 8,70

HEFT 189
Fa. E. Leybold's Nachfolger, Köln
I. Ausgewählte Kapitel aus der Vakuumtechnik
II. Zum Verlust anorganisch-nichtflüchtiger Substanzen während der Gefriertrocknung
1955, 52 Seiten, 16 Abb., 3 Tabellen, DM 11,20

HEFT 190
Prof. Dr. A. Neuhaus, Prof. Dr. O. Schmitz-DuMont und Dipl.-Chem. H. Reckhard, Bonn
Zur Kenntnis der Alkalititanate
1955, 60 Seiten, 13 Abb., 1 Tabelle, DM 12,20

HEFT 191
Dr. H. Söhngen, Darmstadt
Schwingungsverhalten eines Schaufelkranzes im Vakuum
1955, 36 Seiten, 7 Abb., DM 7,80

HEFT 192
Dipl.-Phys. E. M. Schneider, München
Kohlebogenlampen für Aufnahme und Kopie
1955, 48 Seiten, 21 Abb., 3 Tabellen, DM 10,60

HEFT 193
Prof. Dr. O. Schmitz-DuMont, Bonn
Untersuchungen über neue Pigmentfarbstoffe
1956, 50 Seiten, 16 Abb., 8 Tabellen, DM 11,20

HEFT 194
Dr. K. Hecht, Köln
Entwicklung neuartiger physikalischer Unterrichtsgeräte
1955, 42 Seiten, 16 Abb., DM 9,90

HEFT 195
Dr.-Ing. E. Rößger, Köln
Gedanken über einen neuen deutschen Luftverkehr
1955, 342 Seiten, 29 Abb., 122 Tabellen, DM 50,—

HEFT 196
Dipl.-Ing. W. Rohs, und Text.-Ing. G. Griese, Bielefeld
Auswirkungen von Garnfehlern bei der Verarbeitung von Leinengarnen
1955, 36 Seiten, 3 Abb., 6 Tabellen, DM 7,80

HEFT 197
Dr. E. Wedekind, Krefeld
Untersuchungen zur Bestimmung der optimalen Arbeitsplatzgröße in der Mehrstuhlarbeit in der Weberei
1955, 92 Seiten, 34 Abb., 6 Tabellen, DM 18,50

HEFT 198
Prof. Dr. J. Weissinger, Karlsruhe
Zur Aerodynamik des Ringflügels. Die Druckverteilung dünner, fast drehsymmetrischer Flügel in Unterschallströmung
1955, 42 Seiten, 5 Abb., DM 9,—

HEFT 199
Textilforschungsanstalt Krefeld
Die Messung von Gewebetemperaturen mittels Temperaturstrahlung
1955, 50 Seiten, 12 Abb., DM 10,90

HEFT 200
R. Seipenbusch, Langenberg (Rhld.)
Spitzengas durch Zusatz von Flüssiggas-Wassergas- und Flüssiggas-Generatorgas-Gemischen zu Stadtgas
1955, 48 Seiten, 21 Tabellen, DM 10,35

HEFT 201
Dr.-Ing. E. W. Pleines, Frankfurt/Main
Die Sicherheit im Luftverkehr
1956, 194 Seiten, 39 Abb., 19 Tabellen, DM 39,45

HEFT 202
Dipl.-Ing. D. Fiecke, Stuttgart/Zuffenhausen
Die Bestimmung der Flugzeugpolaren für Entwurfszwecke. I. Teil: Unterlagen
in Vorbereitung

HEFT 203
Dr. G. Wandel, Bonn
Uferbewachsung und Lebendverbauung an den Nordwestdeutschen Kanälen und ihren Zuflüssen sowie an der Ruhr
in Vorbereitung

HEFT 204
Dipl.-Ing. B. Naendorf, Langenberg (Rhld.)
Bestimmung der Brenneigenschaften und des Brennverhaltens verschiedener Gasarten und Einfluß verschiedener Düsengestaltung
1955, 32 Seiten, DM 7,10

HEFT 205
Dr. C. Schaarwächter, Düsseldorf
Über plastische Kupfer-Eisen-Phosphor-Legierungen
1956, 36 Seiten, 10 Abb., 10 Tabellen, DM 8,30

HEFT 206
Dr. P. Hölemann, Ing. R. Hasselmann und Ing. G. Dix, Dortmund
Untersuchungen über die Vorgänge bei der Zersetzung von in Azeton gelöstem Azetylen
1956, 74 Seiten, 7 Abb., 7 Tabellen, DM 15,55

HEFT 207
Prof. Dr.-Ing. H. Opitz, Dipl.-Ing. K. H. Fröhlich und Dipl.-Ing. H. Siebel, Aachen
Richtwerte für das Fräsen von unlegierten und legierten Baustählen mit Hartmetall. I. Teil
in Vorbereitung

HEFT 208
Prof. Dr.-Ing. H. Müller, Essen
Untersuchung von Elektrowärmegeräten für Laienbedienung hinsichtlich Sicherheit und Gebrauchsfähigkeit. I. Untersuchungen an Kochplatten
in Vorbereitung

HEFT 209
Dr. K. Bunge, Leverkusen
Materialabbau in Funkenentladungen. Untersuchungen an Zinkkathoden
1956, 54 Seiten, 10 Abb., 5 Tabellen, DM 11,40

HEFT 210
Dr. W. Porschen und Prof. Dr. W. Riezler, Bonn
Langlebige Alphaaktivitäten bei natürlichen Elementen
1955, 40 Seiten, 5 Abb., 4 Tabellen, DM 8,80

HEFT 211
Prof. Dipl.-Ing. W. Sturtzel und Dr.-Ing. W. Graff, Duisburg
Die Versuchsanstalt für Binnenschiffbau, Duisburg
1956, 48 Seiten, 22 Abb., DM 11,—

HEFT 212
Dipl.-Ing. H. Spodig, Selm
Untersuchung zur Anwendung der Dauermagnete in der Technik
1955, 44 Seiten, 25 Abb., DM 9,80

HEFT 213
Dipl.-Ing. K. F. Rittinghaus, Aachen
Zusammenstellung eines Meßwagens für Bau- und Raumakustik
in Vorbereitung

HEFT 214
Dr.-Ing. J. Endres, München
Berechnung der optimalen Leistungen, Kraftstoffverbräuche und Wirkungsgrade von Einkreis-Turbolader-Strahltriebwerken am Boden und in der Höhe bei Fluggeschwindigkeiten von 0—2000 km/h
1956, 72 Seiten, 18 Abb., 8 Tabellen, DM 15,40

HEFT 215
Prof. Dr.-Ing. H. Opitz und Dr.-Ing. G. Weber, Aachen
Einfluß der Wärmebehandlung von Baustählen auf Spanentstehung, Schnittkraft- und Standzeitverhalten
in Vorbereitung

HEFT 216
Dr. E. Kloth, Köln
Untersuchungen über die Ausbreitung kurzer Schallimpulse bei der Materialprüfung mit Ultraschall
1956, 90 Seiten, 60 Abb., 4 Tabellen, DM 19,40

HEFT 217
Rationalisierungskuratorium der Deutschen Wirtschaft (RKW), Frankfurt/Main
Typenvielzahl bei Haushaltgeräten und Möglichkeiten einer Beschränkung
1956, 328 Seiten, 2 Abb., 181 Tabellen, DM 49,50

HEFT 218
Dr. F. Keune, Aachen
Bericht über eine Theorie der Strömung um Rotationskörper ohne Anstellung bei Machzahl Eins
1955, 40 Seiten, 8 Abb., 5 Formelblätter, DM 8,80

HEFT 219
Prof. Dr. W. Fuchs, Aachen
Untersuchungen zur Holzabfallverwertung und zur Chemie des Lignins
1955, 54 Seiten, 11 Abb., 15 Tabellen, DM 11,40

WESTDEUTSCHER VERLAG · KÖLN UND OPLADEN

HEFT 220
Prof. Dr. W. Fuchs, Aachen
Die Entwicklung neuer Regel- und Kontroll-Apparate zur coulometrischen Analyse
1956, 76 Seiten, 17 Abb., 23 Tabellen, DM 15,50

HEFT 221
Dr. W. Meyer-Eppler, Bonn
Experimentelle Untersuchungen zum Mechanismus von Stimme und Gehör in der lautsprachlichen Kommunikation
1955, 56 Seiten, 24 Abb., DM 13,45

HEFT 222
Dr. L. Köllner, Münster, und Dipl.-Volkswirt M. Kaiser, Bochum
Die internationale Wettbewerbfähigkeit der westdeutschen Wollindustrie
1956, 214 Seiten, DM 39,50

HEFT 223
Dr.-Ing. K. Alberti und Dr. F. Schwarz, Köln
Über das Problem Hartbrand - Weichbrand
1956, 54 Seiten, 25 Abb., 14 Tabellen, DM 12,10

HEFT 224
Dipl.-Ing. H. Stüdeman und Ing. R. Beu, Solingen
Verfahren zur Prüfung der Korrosionsbeständigkeit von Messerklingen aus rostfreiem Stahl
1956, 82 Seiten, 28 Abb., DM 16,90

HEFT 225
Dr.-Ing. E. Barz, Remscheid
Der Spannungszustand von Gattersägeblättern
in Vorbereitung

HEFT 226
Technisch-wissenschaftliches Büro für die Bastfaserindustrie, Bielefeld
Untersuchungen zur Verbesserung des Leinenwebstuhles IV
Die Wirkung verschiedener Kettbaumbremsen auf die Verwebung von Leinengarnen
1956, 64 Seiten, 9 Abb., 4 Tabellen, DM 13,50

HEFT 227
Prof. Dr. F. Wever, Düsseldorf und Dr. W. Wepner, Köln
Untersuchung der Alterungsneigung von weichen unlegierten Stählen durch Härteprüfung bei Temperaturen bis 300 Grad C
1956, 34 Seiten, 20 Abb., 3 Tabellen, DM 7,95

HEFT 228
Prof. Dr. F. Wever, Dr. W. Koch, Düsseldorf und Dr. B. A. Steinkopf, Dortmund
Spektrochemische Grundlagen der Analyse von Gemischen aus Kohlenmonoxyd, Wasserstoff und Stickstoff
in Vorbereitung

HEFT 229
Prof. Dr. F. Wever, Dr. W. Koch und Dr.-Ing. H. Malissa, Düsseldorf
Über die Anwendung disubstituierter Dithiocarbamate der analytischen Chemie
1956, 44 Seiten, 30 Abb., 5 Tabellen, DM 10,50

HEFT 230
Prof. Dr. F. Wever, Düsseldorf und Dr. W. Wepner, Köln
Bestimmung kleiner Kohlenstoffgehalte im Alpha-Eisen durch Dämpfungsmessung
1956, 34 Seiten, 5 Abb., 2 Tabellen, DM 7,70

HEFT 231
Dr.-Ing. W. Küch, Dortmund
Über die Wechselwirkung zwischen Holzschutzbehandlung und Verleimung
1956, 48 Seiten, 10 Abb., 8 Tabellen, DM 10,40

HEFT 232
Prof. Dr.-Ing. O. Kienzle, Hannover und Dr.-Ing. H. Münnich, Schweinfurt
Feststellung der Spannungen und Dehnungen und Bruchdrehzahlen der unter Fliehkraft und Bearbeitungskraft beanspruchten Schleifkörper
in Vorbereitung

HEFT 233
Dr. H. Haase, Hamburg
Infrarot-Bibliographie
1956, 90 Seiten, DM 17,80

HEFT 234
Dr.-Ing. K. G. Speith und Dr.-Ing. A. Bungeroth, Duisburg
Versuche zur Steigerung des Kokillen-Schluckvermögens beim Stranggießen von Stahl
1956, 26 Seiten, 5 Abb., DM 6,15

HEFT 235
Prof. Dr.-Ing. K. Leist und Dipl.-Ing. W. Dettmering, Aachen
Turbinenschaufeln aus Kunststoff für Kaltluftversuchsanlagen
1956, 46 Seiten, 43 Abb., 3 Tabellen, DM 12,30

HEFT 236
Dr.-Ing. O. Viertel und S. Lucas, Krefeld
Ergebnisse einer Hausfrauenbefragung über Wascheinrichtungen und Waschmethoden in städtischen Haushaltungen
1956, 34 Seiten, 4 Abb., DM 7,60

HEFT 237
Dr. P. Endler und Dr. H. Ludes, Köln
Bericht über eine Studienreise zur Orientierung der heutigen Behandlung der Lungentuberkulose in den Vereinigten Staaten von Nordamerika
1956, 32 Seiten, DM 7,10

HEFT 238
Institut für textile Meßtechnik, M.-Gladbach, e.V.
Untersuchung der Verzugsvorgänge an den Streckwerken verschiedener Spinnereimaschinen. 3. Bericht: Theoretische Betrachtungen über den Einfluß schlagender Zylinder und Druckrollen
in Vorbereitung

HEFT 239
Prof. Dr.-Ing. K. Leist und Dipl.-Ing. H. Scheele, Aachen und Dipl.-Ing. F. H. Flottmann, Herne
Versuche an einem neuartigen luftgekühlten Hochleistungs-Kolbenkompressor
in Vorbereitung

HEFT 240
Prof. Dr.-Ing. K. Leist und Dipl.-Ing. H. Scheele, Aachen
Temperaturmessungen an einem einstufigen luftgekühlten 4-Zylinder-Kolbenkompressor mit Kühlgebläse
in Vorbereitung

HEFT 241
Prof. Dr.-Ing. K. Leist und Dipl.-Ing. M. Pötke, Aachen
Leistungsversuche an einem Kühlluftgebläse
in Vorbereitung

HEFT 242
Prof. Dr.-Ing. K. Leist und Dipl.-Ing. K. Graf, Aachen
Straßenfahrzeuge mit Gasturbinenantrieb
in Vorbereitung

HEFT 243
Prof. Dr.-Ing. K. Leist und Dipl.-Ing. S. Förster, Aachen
Die französische Kleingasturbine Artouste — 1. Teil
in Vorbereitung

HEFT 244
Prof. Dr. F. Wever, Dr. W. Koch und Dr. S. Eckhard, Düsseldorf
Erfahrungen mit der spektrochemischen Analyse von Gefügebestandteilen des Stahles
1956, 32 Seiten, 8 Abb., 2 Tabellen, DM 7,80

HEFT 245
Prof. Dr.-Ing. K. Krekeler, Aachen
Das Verbinden von Metallen durch Kunstharzkleber. Teil I: Eigenschaften und Verwendung der Metallklebstoffe
1956, 48 Seiten, 8 Abb., DM 10,25

HEFT 246
Prof. Dr.-Ing. K. Krekeler, Aachen
Das Verbinden von Metallen durch Kunstharzkleber. Teil II: Untersuchungen an geklebten Leichtmetall-Verbindungen
in Vorbereitung

HEFT 247
Dr. H. Söhngen, Darmstadt
Strömung vor einem Überschall-Laufrad
1956, 26 Seiten, 4 Abb., DM 7,60

HEFT 248
Rheinische Aktiengesellschaft für Braunkohlenbergbau und Brikettfabrikation, Köln
Untersuchung der Bindemitteleigenschaften von Braunkohlenfilteraschen
in Vorbereitung

HEFT 249
Dr. M.-E. Meffert, Essen
Weitere Kulturversuche Scenedesmus obliquus
1956, 36 Seiten, 5 Abb., 10 Tabellen, DM 8,—

HEFT 250
Dr. F. Schwarz und Dr.-Ing. K. Alberti, Köln
Entwicklung von Untersuchungsverfahren zur Gütebeurteilung von Industriekalken
in Vorbereitung

HEFT 251
Prof. Dr. H. Bittel, Münster
Zur Statistik der ferromagnetischen Elementarvorgänge und ihren Einfluß auf das Barkhausenrauschen
in Vorbereitung

HEFT 252
Dipl.-Ing. H. Frings, Geilenkirchen
Die Wirkung abfallender Wetterführung auf Wettertemperatur, Grubengasgehalt und Staubbildung
in Vorbereitung

HEFT 253
Dipl.-Ing. S. Schirmanski, Berghausen
Stand und Auswertung der Forschungsarbeiten über Temperatur- und Feuchtigkeitsgrenzen bei der bergmännischen Arbeit
in Vorbereitung

HEFT 254
Prof. Dr. R. Danneel, Bonn
Quantitative Untersuchungen über die Entwicklung des Ehrlich-Ascitesturmos bei Inzuchtmäusen
in Vorbereitung

HEFT 255
Ing. B. v. Schlippe, Bad Nauheim
Strömung von Flüssigkeiten mit temperaturabhängiger Zähigkeit (Kühlung von Ölen)
1956, 54 Seiten, 12 Abb., 4 Tabellen, DM 11,70

HEFT 256
Prof. Dr. C. Schmieden und Dipl.-Math. K. H. Müller, Darmstadt
Die Strömung einer Quellstrecke im Halbraum — eine strenge Lösung der Navier-Stokes-Gleichungen
1956, 40 Seiten, 9 Abb., DM 8,80

HEFT 257
Prof. Dr. G. Lehmann und Dr. J. Tamm, Dortmund
Die Beeinflussung vegetativer Funktionen des Menschen durch Geräusche
in Vorbereitung

HEFT 258
Dr. H. Paul, Linz (Rhein) und Prof. Dr. O. Graf, Dortmund
Zur Frage der Unfälle im Bergbau
1956, 52 Seiten, 9 Abb., 22 Tabellen, DM 11,20

HEFT 259
Prof. Dr. W. Linke, Aachen
Strömungsvorgänge in künstlich belüfteten Räumen
1956, 52 Seiten, 37 Abb., 1 Tabelle, DM 11,80

HEFT 260
Prof. Dr. W. Kast, Freiburg (Br.), Prof. Dr. A. H. Stuart und Dipl.-Phys. H. G. Fendler, Hannover
Lichtzerstreuungsmessungen an Lösungen hochpolymerer Stoffe
in Vorbereitung

HEFT 261
Prof. Dr. W. Kast, Freiburg (Br.)
Feinstruktur-Untersuchungen an künstlichen Zellulosefasern verschiedener Herstellungsverfahren. Teil II: Der Kristallisationszustand
in Vorbereitung

HEFT 262
Dr.-Ing. W. Batel, Aachen
Untersuchungen zur Absiebung feuchter, feinkörniger Haufwerke und Schwingsieben
in Vorbereitung

HEFT 263
Prof. Dr. H. Lange und Dipl.-Phys. R. Kohlhaas, Köln
Über die Wärmeleitfähigkeit von Stählen bei hohen Temperaturen: Teil I: Literaturbericht
in Vorbereitung

HEFT 264
Prof. Dr. W. Weizel, Bonn
Durch schnelle Funkenzusammenbrüche ausgelöste Signale auf einer Leitung
1956, 26 Seiten, 4 Abb., 3 Tabellen, DM 6,10

HEFT 265
Prof. Dr. F. Micheel und Dr. R. Engel, Münster
Eine Apparatur zur elektrophoretischen Trennung von Stoffgemischen
in Vorbereitung

HEFT 266
Fliesen-Beratungsstelle Bad Godesberg-Mehlem
Güteeigenschaften keramischer Wand- und Bodenfliesen und deren Prüfmethoden
1956, 32 Seiten, DM 7,10

HEFT 267
Prof. Dr. W. Weizel und B. Brandt, Bonn
Zur Stabilität stromstarker Glimmentladungen
1956, 36 Seiten, 7 Abb., DM 8,40

HEFT 268
Prof. Dr.-Ing. G. Vogelpohl, Göttingen
Über die Tragfähigkeit von Gleitlagern und ihre Berechnung
in Vorbereitung

WESTDEUTSCHER VERLAG · KÖLN UND OPLADEN

HEFT 269
Markscheider R. Bals, Bochum
Eignung des Gebirgsankerausbaus zur Erleichterung des Streckenvortriebs im Steinkohlenbergbau
in Vorbereitung

HEFT 270
Dr. H. Krebs und Mitarbeiter, Bonn
Die Trennung von Racematen auf chromatographischem Wege
in Vorbereitung

HEFT 271
Prof. Dr.-Ing. H. Opitz und Dipl.-Ing. H. Axer, Aachen
Beeinflussung des Verschleißverhaltens bei spanenden Werkzeugen durch flüssige und gasförmige Kühlmittel und elektrische Maßnahmen
in Vorbereitung

HEFT 272
Prof. Dr. W. Fuchs und Dr. H. Dresia, Aachen
Untersuchungen über die Schnellverbrennung und Schnellvergasung fester Brennstoffe
in Vorbereitung

HEFT 273
Fa. K. W. Tacke G. m. b. H., Wuppertal-Barmen
Erfahrungen beim Verspinnen von Perlonfasern und bei der Herstellung von Trikotagen aus gesponnenem Perlon
in Vorbereitung

HEFT 274
Prof. Dr.-Ing. K. Krekeler und Dipl.-Ing. H. Verhoeven, Aachen
Qualitative Untersuchungen bei Verbindungsschweißungen mittels Lichtbogenschweißautomaten unter Verwendung von Blankdraht und Zugabe von ferromagnetischem Pulver als Umhüllung
in Vorbereitung

HEFT 275
Prof. Dr.-Ing. K. Krekeler und Dipl.-Ing. H. Verhoeven, Aachen
Qualitative Untersuchungen von Punktschweißverbindungen an Tiefzieh- und Aluminiumblechen, die nach dem Argonarc-Punktschweißverfahren hergestellt werden
in Vorbereitung

HEFT 276
Fa. E. Haage, Mülheim (Ruhr)
Entwicklungsarbeiten im Apparatebau für Laboratorien
in Vorbereitung

HEFT 277
Dr.-Ing. W. Müchler, Essen
Untersuchungen und zahlenmäßige Bestimmung der Schneideigenschaften von Messern mit besonderer Berücksichtigung rostfreier Messerstähle
in Vorbereitung

HEFT 278
Dipl.-Ing. J. Stelter und Dipl.-Ing. H. Kickert, Aachen
I. Sichtbarmachung von Ultraschallfeldern unter Verwendung photographischer Emulsionsschichten
II. Methode zur Bestimmung der wirklichen Temperaturverhältnisse in Flüssigkeiten während der Beschallung (Nach einer Diplom-Arbeit von H. Schnitzler)
in Vorbereitung

HEFT 279
Dr. F. Keune, Aachen
Der gewölbte und verwundene Tragflügel ohne Dicke in Schallnähe
in Vorbereitung

HEFT 280
Dipl.-Ing. J. Stelter und Dipl.-Ing. E. Pfende, Aachen
Über Störerscheinungen bei Schallgeschwindigkeitsmessungen mittels der Interferometermethode
in Vorbereitung

HEFT 281
Prof. Dr.-Ing. K. Lürenbaum, Aachen
Der Meßwagen des Instituts für Maschinen-Dynamik der Deutschen Versuchsanstalt für Luftfahrt, Aachen
in Vorbereitung

HEFT 282
Bergrat a. D. Scherer, Bochum
Das B.T.-Schwelverfahren und seine Anwendung auf der Anlage Marienau
in Vorbereitung

HEFT 283
Prof. Dr. F. Wever und Dr.-Ing. W. Lueg, Düsseldorf
Warmstauchversuche zur Ermittlung der Formänderungsfestigkeit von Gesenkschmiede-Stählen
in Vorbereitung

HEFT 284
Prof. Dr. F. Wever, Düsseldorf, Dr.-Ing. H. J. Wiester, Essen, Dr.-Ing. F. W. Straßburg, Duisburg, Prof. Dr.-Ing. H. Opitz, Aachen, und Dr.-Ing. K. H. Fröhlich, Köln
Einfluß des Gefüges auf die Zerspanbarkeit von Einsatz- und Vergütungsstählen
in Vorbereitung

HEFT 285
Prof. Dr.-Ing. O. Kienzle, Dr.-Ing. K. Lange, Hannover, und Dipl.-Ing. H. Meinert, Osterode
Einfluß der Oberfläche auf das Verschleißverhalten von Schmiedegesenken
in Vorbereitung

HEFT 286
Dr.-Ing. K. Lange, Hannover, Dipl.-Ing. H. Meinert, Osterode, unter Mitarbeit von Dr.-Ing. H. Arend, Mülheim (Ruhr)
Verschleißverhalten hartverchromter Schmiedegesenke
in Vorbereitung

HEFT 287
Prof. Dr.-Ing. K. Krekeler, Aachen
Änderungen der mechanischen Eigenschaftswerte thermoplastischer Kunststoffe bei Beanspruchung in verschiedenen Medien
in Vorbereitung

HEFT 288
Dr. K. Brücker-Steinkuhl, Düsseldorf
Anwendung mathematisch-statistischer Verfahren in der Industrie
in Vorbereitung

HEFT 289
Prof. Dr.-Ing. H. Winterhager, Aachen
Kombinierter Widerstands- und Lichtbogen-Vakuumofen zur Verarbeitung von Titanschwamm
Prof. Dr. Dr. h. c. R. Schwarz, Aachen
Erforschung neuer Wege zur Darstellung von Titanmetall
in Vorbereitung

HEFT 290
Dr. D. Horstmann, Düsseldorf
I. Der verstärkte Angriff des Zinks auf Eisen im Temperaturgebiet um 500° C
II. Einfluß eines Antimongehaltes auf den Angriff von Zinkschmelzen auf Eisen
in Vorbereitung

HEFT 291
Dr.-Ing. H. J. Wiester und Dr. D. Horstmann, Düsseldorf
Der Angriff eisengesättigter Zinkschmelzen auf silizium- und manganhaltiges Eisen
in Vorbereitung

HEFT 292
Dipl.-Ing. W. Rohs und Text.-Ing. H. Griese, Bielefeld
Webversuche an Leinenwebstühlen mit verbesserter Schaftbewegung
in Vorbereitung

HEFT 293
Prof. Dr. W. Korte, unter Mitarbeit von Dipl.-Ing. P. A. Mäcke und Dipl.-Ing. W. Leutzbach, Aachen
Die Leistungsfähigkeit von Verkehrsanlagen des motorisierten städtischen Straßenverkehrs
in Vorbereitung

HEFT 294
Dipl.-Ing. B. Naendorf, Essen
Untersuchungen industrieller Gasbrenner
in Vorbereitung

HEFT 295
Prof. Dr.-Ing. H. Opitz und Dipl.-Ing. H. Axer, Aachen
Untersuchung und Weiterentwicklung neuartiger elektrischer Bearbeitungsverfahren
in Vorbereitung

HEFT 296
Prof. Dr.-Ing. H. Opitz, Aachen
I. Untersuchungen an elektronischen Regelantrieben
II. Statistische Untersuchungen zur Ausnutzung von Drehbänken
in Vorbereitung

HEFT 297
Dr. K. Schaarwächter, Düsseldorf
Die Reduktion von Siliziumtetrachlorid im Lichtbogen zur nachfolgenden Silizierung von Eisenblechen
in Vorbereitung

HEFT 298
Prof. Dr.-Ing. E. Oehler, Aachen
Untersuchung von kritischen Drehzahlen, die durch Kreiselmomente verursacht werden

HEFT 299
Dr. J. Fassbender und W. Hoppe, Bonn
Eine photoelektrische Nachlaufeinrichtung für Analogie-Rechenmaschinen
in Vorbereitung

HEFT 300
Prof. Dr. E. Schütz und Privatdozent Dr. H. Caspers, Münster
Tierexperimentelle Untersuchungen über die Alkoholwirkungen auf Erregbarkeit und bioelektrische Spontanaktivität der Hirnrinde
in Vorbereitung

HEFT 301
Prof. Dr. W. Weltzien, Dr. G. Cossmann und P. Diehl, Krefeld
Über die fraktionierte Füllung von Polyamiden (II)
in Vorbereitung

HEFT 302
Prof. Dr.-Ing. W. Wegener und Dipl.-Ing. Willi Zahn, Aachen
Untersuchungen von gesponnenen Garnen auf ihre Gleichmäßigkeit nach verschiedenen Meßmethoden
in Vorbereitung

HEFT 303
Prof. Dr.-Ing. S. Kiesskalt, Aachen
Das Institut der Forschungsgesellschaft Verfahrenstechnik e. V. an der Technischen Hochschule Aachen
in Vorbereitung

HEFT 304
Prof. Dr.-Ing. K. Krekeler, Düsseldorf, und Dipl.-Ing. A. Kleine-Albers, Aachen
Beitrag zur thermoelastischen Warmformbarkeit von Hart PVC
in Vorbereitung

HEFT 305
Prof. Dr.-Ing. K. Krekeler, Düsseldorf, Dr.-Ing. H. Peukert, Aachen, und Dipl.-Ing. W. Schmitz, Siegburg
Heißgas-Schweißung von Hart-Polyvinylchlorid mit Zusatzwerkstoff
in Vorbereitung

HEFT 306
Prof. Dr. B. Rensch, Münster
Elektrophysiologische Untersuchungen zur Analysierung der Bildung von Assoziationen und Gedächtnisspuren in Gehirn und Rückenmark
Prof. Dr. A. Loeser, Münster
Akute und chronische Giftwirkungen sauerstoffhaltiger Lösungsmittel
in Vorbereitung

HEFT 307
Privatdozent Dr. J. Juilfs, Krefeld
Vergleichende Untersuchungen zur elastischen und bleibenden Dehnung von Fasern
in Vorbereitung

HEFT 308
Privatdozent Dr. J. Juilfs, Krefeld
Zur Messung der Fadenglätte
in Vorbereitung

HEFT 309
Prof. Dr. K. Cruse und Mitarbeiter, Clausthal-Zellerfeld
Aufbau und Arbeitsweise eines universell verwendbaren Hochfrequenz-Titrationsgerätes
in Vorbereitung

HEFT 310
Dr. P. F. Müller, Bonn
Die Integrieranlage des Rheinisch-Westfälischen Instituts für Instrumentelle Mathematik in Bonn
in Vorbereitung

HEFT 311
Prof. Dr. F. Wever und Dr. M. Hempel, Düsseldorf
Dauerschwingfestigkeit von Stählen bei erhöhten Temperaturen
Teil I: Erkenntnisse aus bisherigen Dauerschwingversuchen in der Wärme
in Vorbereitung

HEFT 312
Prof. Dr. F. Wever und Dr. M. Hempel, Düsseldorf
Dauerschwingfestigkeit von Stählen bei erhöhten Temperaturen
Teil II: Zug-Druck-Dauerschwingversuche an zwei warmfesten Stählen bei Temperaturen von 500 bis 650°
in Vorbereitung

HEFT 313
Prof. Dr. F. Wever, Dr. W. Koch und Dipl.-Phys. H. Rohde, Düsseldorf
Änderungen des Habitus und der Gitterkonstanten des Zementits in Chromstählen bei verschiedenen Wärmebehandlungen
in Vorbereitung

WESTDEUTSCHER VERLAG · KÖLN UND OPLADEN

VERÖFFENTLICHUNGEN DER ARBEITSGEMEINSCHAFT FÜR FORSCHUNG DES LANDES NORDRHEIN-WESTFALEN

NATURWISSENSCHAFTEN

Im Auftrage des Ministerpräsidenten Fritz Steinhoff
herausgegeben von Staatssekretär Prof. Leo Brandt

HEFT 1
Prof. Dr.-Ing. Friedrich Seewald, Aachen
Neue Entwicklungen auf dem Gebiet der Antriebsmaschinen
Prof. Dr.-Ing. Friedrich A. F. Schmidt, Aachen
Technischer Stand und Zukunftsaussichten der Verbrennungsmaschinen, insbesondere der Gasturbinen
Dr.-Ing. Rudolf Friedrich, Mülheim (Ruhr)
Möglichkeiten und Voraussetzungen der industriellen Verwertung der Gasturbine
1951, 52 Seiten, 15 Abb., kartoniert, DM 2,75

HEFT 2
Prof. Dr.-Ing. Wolfgang Riezler, Bonn
Probleme der Kernphysik
Prof. Dr. Fritz Micheel, Münster
Isotope als Forschungsmittel in der Chemie und Biochemie
1951, 40 Seiten, 10 Abb., kartoniert, DM 2,40

HEFT 3
Prof. Dr. Emil Lehnartz, Münster
Der Chemismus der Muskelmaschine
Prof. Dr. Gunther Lehmann, Dortmund
Physiologische Forschung als Voraussetzung der Bestgestaltung der menschlichen Arbeit
Prof. Dr. Heinrich Kraut, Dortmund
Ernährung und Leistungsfähigkeit
1951, 60 Seiten, 35 Abb., kartoniert, DM 3,50

HEFT 4
Prof. Dr. Franz Wever, Düsseldorf
Aufgaben der Eisenforschung
Prof. Dr.-Ing. Hermann Schenck, Aachen
Entwicklungslinien des deutschen Eisenhüttenwesens
Prof. Dr.-Ing. Max Haas, Aachen
Wirtschaftliche Bedeutung der Leichtmetalle und ihre Entwicklungsmöglichkeiten
1952, 60 Seiten, 20 Abb., kartoniert, DM 3,50

HEFT 5
Prof. Dr. Walter Kikuth, Düsseldorf
Virusforschung
Prof. Dr. Rolf Danneel, Bonn
Fortschritte der Krebsforschung
Prof. Dr. Dr. Werner Schulemann, Bonn
Wirtschaftliche und organisatorische Gesichtspunkte für die Verbesserung unserer Hochschulforschung
1952, 50 Seiten, 2 Abb., kartoniert, DM 2,75

HEFT 6
Prof. Dr. Walter Weizel, Bonn
Die gegenwärtige Situation der Grundlagenforschung in der Physik
Prof. Dr. Siegfried Strugger, Münster
Das Duplikantenproblem in der Biologie
Direktor Dr. Fritz Gummert, Essen
Überlegungen zu den Faktoren Raum und Zeit im biologischen Geschehen und Möglichkeiten einer Nutzanwendung
1952, 64 Seiten, 20 Abb., kartoniert, DM 3,—

HEFT 7
Prof. Dr.-Ing. August Götte, Aachen
Steinkohle als Rohstoff und Energiequelle
Prof. Dr. Dr. E. h. Karl Ziegler, Mülheim (Ruhr)
Über Arbeiten des Max-Planck-Institutes für Kohlenforschung
1953, 66 Seiten, 4 Abb., kartoniert, DM 3,60

HEFT 8
Prof. Dr.-Ing. Wilhelm Fucks, Aachen
Die Naturwissenschaft, die Technik und der Mensch
Prof. Dr. Walther Hoffmann, Münster
Wirtschaftliche und soziologische Probleme des technischen Fortschritts
1952, 84 Seiten, 12 Abb., kartoniert, DM 4,80

HEFT 9
Prof. Dr.-Ing. Franz Bollenrath, Aachen
Zur Entwicklung warmfester Werkstoffe
Prof. Dr. Heinrich Kaiser, Dortmund
Stand spektralanalytischer Prüfverfahren und Folgerung für deutsche Verhältnisse
1952, 100 Seiten, 62 Abb., kartoniert, DM 6,—

HEFT 10
Prof. Dr. Hans Braun, Bonn
Möglichkeiten und Grenzen der Resistenzzüchtung
Prof. Dr.-Ing. Carl Heinrich Dencker, Bonn
Der Weg der Landwirtschaft von der Energieautarkie zur Fremdenergie
1952, 74 Seiten, 23 Abb., kartoniert, DM 4,30

HEFT 11
Prof. Dr.-Ing. Herwart Opitz, Aachen
Entwicklungslinien der Fertigungstechnik in der Metallbearbeitung
Prof. Dr.-Ing. Karl Krekeler, Aachen
Stand und Aussichten der schweißtechnischen Fertigungsverfahren
1952, 72 Seiten, 49 Abb., kartoniert, DM 5,—

HEFT 12
Dr. Hermann Rathert, Wuppertal-Elberfeld
Entwicklung auf dem Gebiet der Chemiefaser-Herstellung
Prof. Dr.-Ing. Wilhelm Weltzien, Krefeld
Rohstoff und Veredlung in der Textilwirtschaft
1952, 84 Seiten, 29 Abb., kartoniert, DM 4,80

HEFT 13
Dr.-Ing. E. h. Karl Herz, Frankfurt a. M.
Die technischen Entwicklungstendenzen im elektrischen Nachrichtenwesen
Staatssekretär Prof. Leo Brandt, Düsseldorf
Navigation und Luftsicherung
1952, 102 Seiten, 97 Abb., kartoniert, DM 7,25

HEFT 14
Prof. Dr. Burckhardt Helferich, Bonn
Stand der Enzymchemie und ihre Bedeutung
Prof. Dr. Hugo Wilhelm Knipping, Köln
Ausschnitt aus der klinischen Carcinomforschung am Beispiel des Lungenkrebses
1952, 72 Seiten, 12 Abb., kartoniert, DM 4,30

HEFT 15
Prof. Dr. Abraham Esau †, Aachen
Ortung mit elektrischen und Ultraschallwellen in Technik und Natur
Prof. Dr.-Ing. Eugen Flegler, Aachen
Die ferromagnetischen Werkstoffe der Elektrotechnik und ihre neueste Entwicklung
1953, 84 Seiten, 25 Abb., kartoniert, DM 4,80

HEFT 16
Prof. Dr. Rudolf Seyffert, Köln
Die Problematik der Distribution
Prof. Dr. Theodor Beste, Köln
Der Leistungslohn
1952, 70 Seiten, 1 Abb., kartoniert, DM 3,50

HEFT 17
Prof. Dr.-Ing. Friedrich Seewald, Aachen
Luftfahrtforschung in Deutschland und ihre Bedeutung für die allgemeine Technik
Prof. Dr.-Ing. Edouard Houdremont, Essen
Art und Organisation der Forschung in einem Industrieforschungsinstitut der Eisenindustrie
1953, 90 Seiten, 4 Abb., kartoniert, DM 4,20

HEFT 18
Prof. Dr. Dr. Werner Schulemann, Bonn
Theorie und Praxis pharmakologischer Forschung
Prof. Dr. Wilhelm Groth, Bonn
Technische Verfahren zur Isotopentrennung
1953, 72 Seiten, 17 Abb., kartoniert, DM 4,—

HEFT 19
Dipl.-Ing. Kurt Traenckner, Essen
Entwicklungstendenzen der Gaserzeugung
1953, 26 Seiten, 12 Abb., kartoniert, DM 1,60

HEFT 20
M. Zvegintzow, London
Wissenschaftliche Forschung und die Auswertung ihrer Ergebnisse
Ziel und Tätigkeit der National Research Development Corporation
Dr. Alexander King, London
Wissenschaft und internationale Beziehungen
1954, 88 Seiten, kartoniert, DM 4,20

HEFT 21
Prof. Dr. Robert Schwarz, Aachen
Wesen und Bedeutung der Silicium-Chemie
Prof. Dr. Dr. h. c. Kurt Alder, Köln
Fortschritte in der Synthese von Kohlenstoffverbindungen
1954, 76 Seiten, 49 Abb., kartoniert, DM 4,—

HEFT 21a
Prof. Dr. Dr. h. c. Otto Hahn, Göttingen
Die Bedeutung der Grundlagenforschung für die Wirtschaft
Prof. Dr. Siegfried Strugger, Münster
Die Erforschung des Wasser- und Nährsalztransportes im Pflanzenkörper mit Hilfe der fluoreszenzmikroskopischen Kinematographie
1953, 74 Seiten, 26 Abb., kartoniert, DM 5,—

HEFT 22
Prof. Dr. Johannes von Allesch, Göttingen
Die Bedeutung der Psychologie im öffentlichen Leben
Prof. Dr. Otto Graf, Dortmund
Triebfedern menschlicher Leistung
1953, 80 Seiten, 19 Abb., kartoniert, DM 4,—

HEFT 23
Prof. Dr. Dr. h. c. Bruno Kuske, Köln
Zur Problematik der wirtschaftswissenschaftlichen Raumforschung
Prof. Dr. Dr.-Ing. E. h. Stephan Prager, Düsseldorf
Städtebau und Landesplanung
1954, 84 Seiten, kartoniert, DM 3,50

HEFT 24
Prof. Dr. Rolf Danneel, Bonn
Über die Wirkungsweise der Erbfaktoren
Prof. Dr. Kurt Herzog, Krefeld
Bewegungsbedarf der menschlichen Gliedmaßengelenke bei der Berufsarbeit
1953, 76 Seiten, 18 Abb., kartoniert, DM 4,—

WESTDEUTSCHER VERLAG · KÖLN UND OPLADEN

HEFT 25
Prof. Dr. Otto Haxel, Heidelberg
Energiegewinnung aus Kernprozessen
Dr.-Ing. Dr. Max Wolf, Düsseldorf
Gegenwartsprobleme der energiewirtschaftlichen Forschung
1953, 98 Seiten, 27 Abb., kartoniert, DM 5,25

HEFT 26
Prof. Dr. Friedrich Becker, Bonn
Ultrakurzwellenstrahlung aus dem Weltraum
Dr. Hans Straßl, Bonn
Bemerkenswerte Doppelsterne und das Problem der Sternentwicklung
1954, 70 Seiten, 8 Abb., kartoniert, DM 3,60

HEFT 27
Prof. Dr. Heinrich Behnke, Münster
Der Strukturwandel der Mathematik in der ersten Hälfte des 20. Jahrhunderts
Prof. Dr. Emanuel Sperner, Hamburg
Eine mathematische Analyse der Luftdruckverteilungen in großen Gebieten
1956, 96 Seiten, 12 Abb, 5 Tab., kartoniert, DM 5,—

HEFT 28
Prof. Dr. Oskar Niemczyk, Aachen
Die Problematik gebirgsmechanischer Vorgänge im Steinkohlenbergbau
Prof. Dr. Wilhelm Ahrens, Krefeld
Die Bedeutung geologischer Forschung für die Wirtschaft, besonders in Nordrhein-Westfalen
1955, 96 Seiten, 12 Abb., kartoniert, DM 5,25

HEFT 29
Prof. Dr. Bernhard Rensch, Münster
Das Problem der Residuen bei Lernleistungen
Prof. Dr. Hermann Fink, Köln
Über Leberschäden bei der Bestimmung des biologischen Wertes verschiedener Eiweiße von Mikroorganismen
1954, 96 Seiten, 23 Abb., kartoniert, DM 5,25

HEFT 30
Prof. Dr.-Ing. Friedrich Seewald, Aachen
Forschungen auf dem Gebiete der Aerodynamik
Prof. Dr.-Ing. Karl Leist, Aachen
Einige Forschungsarbeiten aus der Gasturbinentechnik
1955, 98 Seiten, 45 Abb., kartoniert, DM 7,—

HEFT 31
Prof. Dr.-Ing. Dr. h. c. Fritz Mietzsch, Wuppertal
Chemie und wirtschaftliche Bedeutung der Sulfonamide
Prof. Dr. Dr. h. c. Gerhard Domagk, Wuppertal
Die experimentellen Grundlagen der bakteriellen Infektionen
1954, 82 Seiten, 2 Abb., kartoniert, DM 4,—

HEFT 32
Prof. Dr. Hans Braun, Bonn
Die Verschleppung von Pflanzenkrankheiten und -schädigungen über die Welt
Prof. Dr. Wilhelm Rudorf, Voldagsen
Der Beitrag von Genetik und Züchtung zur Bekämpfung von Viruskrankheiten der Nutzpflanzen
1953, 88 Seiten, 36 Abb., kartoniert, DM 5,—

HEFT 33
Prof. Dr.-Ing. Volker Aschoff, Aachen
Probleme der elektroakustischen Einkanalübertragung
Prof. Dr.-Ing. Herbert Döring, Aachen
Erzeugung und Verstärkung von Mikrowellen
1954, 74 Seiten, 23 Abb., kartoniert, DM 4,30

HEFT 34
Geheimrat Prof. Dr. Dr. Rudolf Schenck, Aachen
Bedingungen und Gang der Kohlenhydratsynthese im Licht
Prof. Dr. Emil Lehnartz, Münster
Die Endstufen des Stoffabbaues im Organismus
1954, 80 Seiten, 11 Abb., kartoniert, DM 4,20

HEFT 35
Prof. Dr.-Ing. Hermann Schenck, Aachen
Gegenwartsprobleme der Eisenindustrie in Deutschland
Prof. Dr.-Ing. Eugen Piwowarsky †, Aachen
Gelöste und ungelöste Probleme im Gießereiwesen
1954, 110 Seiten, 67 Abb., kartoniert, DM 6,50

HEFT 36
Prof. Dr. Wolfgang Riezler, Bonn
Teilchenbeschleuniger
Prof. Dr. Gerhard Schubert, Hamburg
Anwendung neuer Strahlenquellen in der Krebstherapie
1954, 104 Seiten, 43 Abb., kartoniert, DM 7,—

HEFT 37
Prof. Dr. Franz Lotze, Münster
Probleme der Gebirgsbildung
Bergwerksdirektor Bergassessor a.D. G. Rauschenbach, Essen
Die Erhaltung der Förderungskapazität des Ruhrbergbaus auf lange Sicht
in Vorbereitung

HEFT 38
Dr. E. Colin Cherry, London
Kybernetik
Prof. Dr. Erich Pietsch, Clausthal-Zellerfeld
Dokumentation und mechanisches Gedächtnis — zur Frage der Ökonomie der geistigen Arbeit
1954, 108 Seiten, 31 Abb., kartoniert, DM 5,25

HEFT 39
Dr. Heinz Haase, Hamburg
Infrarot und seine technischen Anwendungen
Prof. Dr. Abraham Esau †, Aachen
Ultraschall und seine technischen Anwendungen
1955, 80 Seiten, 25 Abb., kartoniert, DM 4,80

HEFT 40
Bergassessor Fritz Lange, Bochum-Hordel
Die wirtschaftliche und soziale Bedeutung der Silikose im Bergbau
Prof. Dr. Walter Kikuth, Düsseldorf
Die Entstehung der Silikose und ihre Verhütungsmaßnahmen
1954, 120 Seiten, 40 Abb., kartoniert, DM 7,25

HEFT 40a
Prof. Dr. Eberhard Gross, Bonn
Berufskrebs und Krebsforschung
Prof. Dr. Hugo Wilhelm Knipping, Köln
Die Situation der Krebsforschung vom Standpunkt der Klinik
1955, 88 Seiten, 31 Abb., kartoniert, DM 5,—

HEFT 41
Direktor Dr.-Ing. Gustav-Victor Lachmann, London
An einer neuen Entwicklungsschwelle im Flugzeugbau
Direktor Dr.-Ing. A. Gerber, Zürich-Oerlikon
Stand der Entwicklung der Raketen- und Lenktechnik
1955, 88 Seiten, 44 Abb., kartoniert, DM 6,—

HEFT 42
Prof. Dr. Theodor Kraus, Köln
Lokalisationsphänomene und Raumordnung vom Standpunkt der geographischen Wissenschaft
Direktor Dr. Fritz Gummert, Essen
Vom Ernährungsversuchsfeld der Kohlenstoffbiologischen Forschungsstation Essen
in Vorbereitung

HEFT 42a
Prof. Dr. Dr. h. c. Gerhard Domagk, Wuppertal
Fortschritte auf dem Gebiet der experimentellen Krebsforschung
1954, 46 Seiten, kartoniert, DM 2,—

HEFT 43
Prof. Dr. Giovanni Lampariello, Rom
Über Leben und Werk von Heinrich Hertz
Prof. Dr. Walter Weizel, Bonn
Über das Problem der Kausalität in der Physik
1955, 76 Seiten kartoniert, DM 3,30

HEFT 43a
Prof. Dr. José Mª Albareda, Madrid
Die Entwicklung der Forschung in Spanien
in Vorbereitung

HEFT 44
Prof. Dr. Burckhardt Helferich, Bonn
Über Glykoside
Prof. Dr. Fritz Micheel, Münster
Kohlenhydrat-Eiweiß-Verbindungen und ihre biochemische Bedeutung
in Vorbereitung

HEFT 45
Prof. Dr. John von Neumann, Princeton, USA
Entwicklung und Ausnutzung neuerer mathematischer Maschinen
Prof. Dr. E. Stiefel, Zürich
Rechenautomaten im Dienste der Technik mit Beispielen aus dem Züricher Institut für angewandte Mathematik
1955, 74 Seiten, 6 Abb., kartoniert, DM 3,50

HEFT 46
Prof. Dr. Wilhelm Weltzien, Krefeld
Ausblick auf die Entwicklung synthetischer Fasern
Prof. Dr. Walther Hoffmann, Münster
Wachstumsformen der Industriewirtschaft
in Vorbereitung

HEFT 47
Staatssekretär Prof. Leo Brandt, Düsseldorf
Die praktische Förderung der Forschung in Nordrhein-Westfalen
Prof. Dr. Ludwig Raiser, Bad Godesberg
Die Förderung der angewandten Forschung durch die Deutsche Forschungsgemeinschaft
in Vorbereitung

HEFT 48
Dr. Hermann Tromp, Rom
Bestandsaufnahme der Wälder der Welt als internationale und wissenschaftliche Aufgabe
Prof. Dr. Franz Heske, Schloß Reinbek
Die Wohlfahrtswirkungen des Waldes als internationales Problem
in Vorbereitung

HEFT 49
Präsident Dr. G. Böhnecke, Hamburg
Zeitfragen der Ozeanographie
Reg.-Direktor Dr. H. Gabler, Hamburg
Nautische Technik und Schiffssicherheit
1955, 120 Seiten, 49 Abb., kartoniert, DM 7,50

HEFT 50
Prof. Dr.-Ing. Friedrich A. F. Schmidt, Aachen
Probleme der Selbstzündung und Verbrennung bei der Entwicklung der Hochleistungskraftmaschinen
Prof. Dr.-Ing. A. W. Quick, Aachen
Ein Verfahren zur Untersuchung des Austauschvorganges in verwirbelten Strömungen hinter Körpern mit abgelöster Strömung
in Vorbereitung

HEFT 51
Prof. Dr. Siegfried Strugger, Münster
Struktur, Entwicklungsgeschichte und Physiologie der Chloroplasten
Direktor Dr. J. Pätzold, Erlangen
Therapeutische Anwendung mechanischer und elektrischer Energie
in Vorbereitung

HEFT 52
Mr. Patmore, London
Lufttüchtigkeit und technische Prüfung der Flugzeuge in England
Prof. Dr. A. D. Young, Cranfield
Die Ausbildung des Ingenieurnachwuchses auf dem Luftfahrtgebiet in England
in Vorbereitung

JAHRESFEIER 1955
Prof. Dr. Josef Pieper, Münster
Über den Philosophie-Begriff Platons
Prof. Dr. Walter Weizel, Bonn
Die Mathematik und die physikalische Realität
1555, 62 Seiten, kartoniert, DM 2,90

HEFT 52a
Dr. D. C. Martin, London
Geschichte und Organisation der Royal Society
Dr. Roux, Südafrika
Probleme der wissenschaftlichen Forschung in der Südafrikanischen Union
in Vorbereitung

HEFT 53
Prof. Dr.-Ing. Georg Schnadel, Hamburg
Forschungsaufgaben zur Untersuchung der Festigkeitsprobleme im Schiffsbau
Prof. Dipl.-Ing. Wilhelm Sturtzel, Duisburg
Forschungsaufgaben zur Untersuchung der Widerstandsprobleme im Schiffsbau
in Vorbereitung

HEFT 53a
Prof. Giovanni Lampariello, Rom
Von Galilei zu Einstein
1956, 92 Seiten, kartoniert, DM 4,20

HEFT 54
Prof. Dr. Julius Bartels, Göttingen
Sonne und Erde — das Thema des internationalen geophysikalischen Jahres
Direktor Dr. Walter Dieminger, Lindau/Harz
Ionosphäre und drahtloser Weitverkehr
in Vorbereitung

HEFT 54a
Sir John Cockcroft, London
Die friedliche Anwendung der Kernenergie
in Vorbereitung

HEFT 55
Prof. Dr.-Ing. Fritz Schultz-Grunow, Aachen
Das Kriechen und Fließen hochzäher und plastischer Stoffe
Prof. Dr.-Ing. Hans Ebner, Aachen
Wege und Ziele der Festigkeitsforschung besonders im Hinblick auf den Leichtbau
in Vorbereitung

WESTDEUTSCHER VERLAG · KÖLN UND OPLADEN

HEFT 56
Prof. Dr. Ernst Derra, Düsseldorf
Der Entwicklungsstand der Herzchirurgie
Prof. Dr. Gunther Lehmann, Dortmund
Muskelarbeit und Muskelermüdung in Theorie und Praxis
in Vorbereitung

HEFT 57
Prof. Dr. Theodor von Kármán, Pasadena
Freiheit und Organisation in der Luftfahrtforschung
in Vorbereitung

HEFT 58
Prof. Dr. Fritz Schröter, Ulm
Neue Forschungs- und Entwicklungsrichtungen im Fernsehen
Prof. Dr. Albert Narath, Berlin
Der gegenwärtige Stand der Filmtechnik
in Vorbereitung

VERÖFFENTLICHUNGEN DER ARBEITSGEMEINSCHAFT FÜR FORSCHUNG DES LANDES NORDRHEIN-WESTFALEN

GEISTESWISSENSCHAFTEN

Im Auftrage des Ministerpräsidenten Karl Arnold
herausgegeben von Staatssekretär Prof. Leo Brandt

HEFT 1
Prof. Dr. Werner Richter, Bonn
Die Bedeutung der Geisteswissenschaften für die Bildung unserer Zeit
Prof. Dr. Joachim Ritter, Münster
Die aristotelische Lehre vom Ursprung und Sinn der Theorie
1953, 64 Seiten, kartoniert, DM 3,50

HEFT 2
Prof. Dr. Josef Kroll, Köln
Elysium
Prof. Dr. Günther Jachmann, Köln
Die vierte Ekloge Vergils
1953, 72 Seiten, kartoniert, DM 3,75

HEFT 3
Prof. Dr. Hans Erich Stier, Münster
Die klassische Demokratie
1954, 100 Seiten, kartoniert, DM 6,—

HEFT 4
Prof. Dr. Werner Caskel, Köln
Lihyan und Lihyanisch. Sprache und Kultur eines frül1arabischen Königreiches
1954, 168 Seiten, 6 Abb., kartoniert, DM 11,—

HEFT 5
Prof. Dr. Thomas Ohm, Münster
Stammesreligionen im südlichen Tanganyika-Territorium
1953, 80 Seiten, 25 Abb., kartoniert, DM 11,50

HEFT 6
Prälat Prof. Dr. Dr. h. c. Georg Schreiber, Münster
Deutsche Wissenschaftspolitik von Bismarck bis zum Atomwissenschaftler Otto Hahn
1954, 102 Seiten, 7 Bilder, kartoniert, DM 6,25

HEFT 7
Prof. Dr. Walter Holtzmann, Bonn
Das mittelalterliche Imperium und die werdenden Nationen
1953, 28 Seiten, kartoniert, DM 2,50

HEFT 8
Prof. Dr. Werner Caskel, Köln
Die Bedeutung der Beduinen in der Geschichte der Araber
1954, 44 Seiten, kartoniert, DM 2,75

HEFT 9
Prälat Prof. Dr. Dr. h. c. Georg Schreiber, Münster
Irland im deutschen und abendländischen Sakralraum
in Vorbereitung

HEFT 10
Prof. Dr. Peter Rassow, Köln
Forschungen zur Reichsidee im 16. und 17. Jahrhundert
1955, 32 Seiten, kartoniert, DM 1,90

HEFT 11
Prof. Dr. Hans Erich Stier, Münster
Roms Aufstieg zur Weltherrschaft
in Vorbereitung

HEFT 12
Prof. D. Karl Heinrich Rengstorf, Münster
Mann und Frau im Urchristentum
Prof. Dr. Hermann Conrad, Bonn
Grundprobleme einer Reform des Familienrechts
1954, 106 Seiten, kartoniert, DM 6,—

HEFT 13
Prof. Dr. Max Braubach, Bonn
Der Weg zum 20. Juli 1944
1953, 48 Seiten, kartoniert, DM 3,25

HEFT 14
Prof. Dr. Paul Hübinger, Münster
Das deutsch-französische Verhältnis und seine mittelalterlichen Grundlagen
in Vorbereitung

HEFT 15
Prof. Dr. Franz Steinbach, Bonn
Der geschichtliche Weg des wirtschaftenden Menschen in die soziale Freiheit und politische Verantwortung
1954, 76 Seiten, kartoniert, DM 3,80

HEFT 16
Prof. Dr. Josef Koch, Köln
Die Ars coniecturalis des Nikolaus von Cues
in Vorbereitung

HEFT 17
Prof. Dr. James Conant,
US-Hochkommissar für Deutschland
Staatsbürger und Wissenschaftler
Prof. D. Karl Heinrich Rengstorf, Münster
Antike und Christentum
1953, 48 Seiten, 2 Abb., kartoniert, DM 3,50

HEFT 18
Prof. Dr. Richard Alewyn, Köln
Klopstocks Publikum
in Vorbereitung

HEFT 19
Prof. Dr. Fritz Schalk, Köln
Das Lächerliche in der französischen Literatur des Ancien Régime
1954, 42 Seiten, kartoniert, DM 2,25

HEFT 20
Prof. Dr. Ludwig Raiser, Bad Godesberg
Rechtsfragen der Mitbestimmung
1954, 48 Seiten, kartoniert, DM 2,50

HEFT 21
Prof. D. Martin Noth, Bonn
Das Geschichtsverständnis der alttestamentlichen Apokalyptik
1953, 36 Seiten, kartoniert, DM 2,20

HEFT 22
Prof. Dr. Walter F. Schirmer, Bonn
Glück und Ende des Könige in Shakespeares Historien
1954, 32 Seiten, kartoniert, DM 1,60

HEFT 23
Prof. Dr. Günther Jachmann, Köln
Der homerische Schiffskatalog und die Ilias
in Vorbereitung

HEFT 24
Prof. Dr. Theodor Klauser, Bonn
Die römischen Petrustraditionen im Lichte der neuen Ausgrabungen unter der Peterskirche
in Vorbereitung

HEFT 25
Prof. Dr. Hans Peters, Köln
Die Gewaltentrennung in moderner Sicht
1955, 48 Seiten, kartoniert, DM 3,10

HEFT 26
Prof. Dr. Fritz Schalk, Köln
Calderon und die Mythologie
in Vorbereitung

HEFT 27
Prof. Dr. Josef Kroll, Köln
Vom Leben geflügelter Worte
in Vorbereitung

WESTDEUTSCHER VERLAG · KÖLN UND OPLADEN

HEFT 28
Prof. Dr. Thomas Ohm, Münster
Die Religionen in Asien
1954, 50 Seiten, 4 Abb., kartoniert, DM 5,—

HEFT 29
Prof. Dr. Johann Leo Weisgerber, Bonn
Die Ordnung der Sprache im persönlichen und öffentlichen Leben
1955, 64 Seiten, kartoniert, DM 2,90

HEFT 30
Prof. Dr. Werner Caskel, Köln
Entdeckungen in Arabien
1954, 44 Seiten, kartoniert, DM 2,—

HEFT 31
Prof. Dr. Max Braubach, Bonn
Entstehung und Entwicklung der landesgeschichtlichen Bestrebungen und historischen Vereine im Rheinland
1955, 32 Seiten, kartoniert, DM 1,60

HEFT 32
Prof. Dr. Fritz Schalk, Köln
Somnium und verwandte Wörter in den romanischen Sprachen
1955, 48 Seiten, 3 Abb., kartoniert, DM 2,50

HEFT 33
Prof. Dr. Friedrich Dessauer, Frankfurt a. M.
Erbe und Zukunft des Abendlandes
in Vorbereitung

HEFT 34
Prof. Dr. Thomas Ohm, Münster
Ruhe und Frömmigkeit
1955, 128 Seiten, 30 Abb., kartoniert, DM 8,—

HEFT 35
Prof. Dr. Hermann Conrad, Bonn
Die mittelalterliche Besiedlung des deutschen Ostens und das Deutsche Recht
1955, 40 Seiten, kartoniert, DM 2,—

HEFT 36
Prof. Dr. Hans Schommodau, Köln
Die religiösen Dichtungen Margaretes von Navarra
1955, 172 Seiten, kartoniert, DM 7,20

HEFT 37
Prof. Dr. Herbert von Einem, Bonn
Der Mainzer Kopf mit der Binde
1955, 88 Seiten, 40 Abb., kartoniert, DM 6,—

HEFT 38
Prof. Dr. Joseph Höffner, Münster
Statik und Dynamik in der scholastischen Wirtschaftsethik
1955, 48 Seiten, kartoniert, DM 2,20

HEFT 39
Prof. Dr. Fritz Schalk, Köln
Diderots Essai über Claudius und Nero
in Vorbereitung

HEFT 40
Prof. Dr. Gerhard Kegel, Köln
Probleme des internationalen Enteignungs- und Währungsrechts
in Vorbereitung

HEFT 41
Prof. Dr. Johann Leo Weisgerber, Bonn
Die Grenzen der Schrift — Der Kern der Rechtschreibreform
1955, 72 Seiten, kartoniert, DM 3,25

HEFT 42
Prof. Dr. Richard Alewyn, Köln
Von der Empfindsamkeit zur Romantik
in Vorbereitung

HEFT 43
Prof. Dr. Theodor Schieder, Köln
Die Probleme des Rapallo-Vertrages 1922
in Vorbereitung

HEFT 44
Prof. Dr. Andreas kumpf, Köln
Stilphasen der spätantiken Kunst
in Vorbereitung

HEFT 45
Dr. Ulrich Luck, Münster
Kerygma und Tradition in der Hermeneutik Adolf Schlatters
1955, 136 Seiten, kartoniert, DM 6,15

HEFT 46
Prof. Dr. Walther Holtzmann, Rom
Das Deutsche Historische Institut in Rom
Prof. Dr. Graf Wolff Metternich, Rom
Die Bibliotheca Hertziana und der Palazzo Zuccari
1955, 68 Seiten, 7 Abb., kartoniert, DM 3,50

JAHRESFEIER 1955
Prof. Dr. Josef Pieper, Münster
Über den Philosophie-Begriff Platons
Prof. Dr. Walter Weizel, Bonn
Die Mathematik und die physikalische Realität
1955, 62 Seiten, kartoniert, DM 2,90

HEFT 47
Prof. Dr. Harry Westermann, Münster
Person und Persönlichkeit im Zivilrecht
in Vorbereitung

HEFT 48
Prof. Dr. Johann Leo Weisgerber, Bonn
Die Namen der Ubier
in Vorbereitung

HEFT 49
Prof. Dr. Friedrich Karl Schumann, Münster
Mythos und Technik
in Vorbereitung

HEFT 50
Prof. Dr. Wolfgang Schöne, Hamburg
Raffaels Sixtinische Madonna
in Vorbereitung

HEFT 51
Prälat Prof. Dr. Dr. h. c. Georg Schreiber, Münster
Der Bergbau in Geschichte, Ethos und Sakralkultur
in Vorbereitung

HEFT 52
Prof. Dr. Hans J. Wolff, Münster
Die Rechtsgestalt der Universität
in Vorbereitung

HEFT 53
Prof. Dr. Heinrich Vogt, Bonn
Schadenersatzprobleme im Verhältnis von Haftungsgrund und Schaden
in Vorbereitung

HEFT 54
Prof. Dr. Max Braubach, Bonn
Der Einmarsch der deutschen Truppen in die entmilitarisierte Zone am Rhein im März 1936. Ein Beitrag zur Vorgeschichte des zweiten Weltkrieges
in Vorbereitung

HEFT 55
Prof. Dr. Herbert von Einem, Bonn
Die Menschwerdung Christi des Isenheimer Altars
in Vorbereitung

HEFT 56
Prof. Dr. E. J. Cohn, London
Der englische Gerichtstag
in Vorbereitung

HEFT 57
Dr. Albert Woopen, Aachen
Die Zivilehe und der Grundsatz der Unauflöslichkeit der Ehe in der Entwicklung des italienischen Zivilrechts
1956, 88 Seiten, kartoniert, DM 4,—

WESTDEUTSCHER VERLAG · KÖLN UND OPLADEN

If you have any concerns about our products,
you can contact us on
ProductSafety@springernature.com

In case Publisher is established outside the EU,
the EU authorized representative is:
Springer Nature Customer Service Center GmbH
Europaplatz 3, 69115 Heidelberg, Germany

Printed by Libri Plureos GmbH
in Hamburg, Germany